COMPENSATION STATUS

薪情

科技工作者薪酬调查

A Compensation Survey of Science and Technology Workers

杨 光　王燕妮 · 著

中国经济出版社
CHINA ECONOMIC PUBLISHING HOUSE
· 北 京 ·

图书在版编目(CIP)数据

薪情:科技工作者薪酬调查 / 杨光,王燕妮著.
—北京:中国经济出版社,2020.5
ISBN 978-7-5136-5733-4

Ⅰ.①薪… Ⅱ.①杨…②王… Ⅲ.①科学工作者—工资管理—调查研究—中国 Ⅳ.①G316

中国版本图书馆CIP数据核字(2019)第112188号

组稿编辑 崔姜薇
责任编辑 夏军城
责任印制 马小宾
封面设计 任燕飞

出版发行 中国经济出版社
印 刷 者 北京九州迅驰传媒文化有限公司
经 销 者 各地新华书店
开　　本 710mm×1000mm 1/16
印　　张 10
字　　数 129千字
版　　次 2020年5月第1版
印　　次 2020年5月第1次
定　　价 48.00元
广告经营许可证 京西工商广字第8179号

中国经济出版社 网址 www.economyph.com 社址 北京市东城区安定门外大街58号 邮编 100011
本版图书如存在印装质量问题,请与本社销售中心联系调换(联系电话:010-57512564)

前　言

科技工作者是以科技工作为职业的人员，即从事系统性科学和技术知识的产生、生产、发展、传播和应用活动的劳动力，通过科学技术工作获取科技资助和合理报酬。科技工作者是知识和技术创新的源头，其工作的积极性和主动性直接关乎创新的效率和质量，关乎一个国家科学技术的进步和发展。如何才能促使科技工作者全身心投入科技事业当中，薪酬激励是一个绕不开的话题，是激励科技工作者全身心投入科技工作的重要因素之一。因此，很有必要对我国科技工作者的薪酬状况进行摸底和跟踪，继而为国家科技工作者薪酬激励制度的改进提供参考和依据。但是由于科技工作者数量庞大，抽样调查难度大，目前鲜有相关资料系统地统计分析我国科技工作者的薪酬状况，相关的数据资料更是凤毛麟角。笔者以“我国科技工作者薪酬状况”为研究主题，试图通过问卷调查、案例分析和政策量化梳理三种渠道分析我国科技工作者薪酬激励的现状、存在的问题及原因，希望提出一些具有现实意义和能够落地的对策建议，为学者和政策制定者提供依据和参考。

本书具有三大亮点：第一，基于全面的问卷调查数据。笔者之所以敢挑战该研究主题，是因为解决了研究该主题的“瓶颈”问题，即科技工作者数量庞大，如何获取具有代表性的调查数据。笔者利用中国科协技术学会对全国科技工作者进行第四次调查的契机，对科技工作者的薪酬状况进行了系统、全面的调查，包括科技工作者的薪酬模式、薪酬内容、影响因素、决定因素等。这些数据获得对我国科技工作者薪酬状况分析至关重要，通过这些数据提炼出的信息和结论具有很强说服力。这些数据分析的公开出版对其他相关研究具有重要研究意义，这是本书最大的特色。第二，本书对我国事业单位科技工作者薪酬制度进行了梳理和量化分析，厘清了政策发展脉络，肯定成绩，发现不足，研究视角和所用方法都较为新颖，为后续研究提供了很好的基础。第三，笔者将问卷调查、深度访谈和政策文本分析三种研究方法相结合，每种研究方法相互验证和支撑，所得结论更具有可信度和说服力。

本书是在多个机构和人员的支持和帮助下完成的，感谢中国科协调研宣传部的项目经费支持，感谢中国科协创新战略研究院调查统计中心的数据支持。同时，于巧玲、李梅分别负责了数据和政策分析篇的大量工作，赵吝加、熊嘉慧、王珊珊承担了项目申报和访谈案例篇研究主要工作，在此一并感谢！

杨光

2020 年 5 月

目 录

CONTENTS

第一篇 总论

一、绪论

（一）调查背景

人才是科技创新中最本质、最核心的要素，在国家和社会建设过程中发挥着重要作用，特别是在创新驱动发展、以智力为核心竞争力的时代背景下，科技人才的地位和作用尤为突出。如何充分发挥科技人才的创新能力，激发其创新潜力，科研人员薪酬体系是重点措施之一。大量文献研究表明，在知识员工的激励中，薪酬的物质激励是重要的激励因素，在激励因素中排在前列，甚至首位。创新驱动实质上是人才驱动，人力资本是最重要的资本，一切创新活动、科技活动都是人做出来的，需要通过发挥收入分配政策的激励导向作用，让智力劳动获得合理的回报。2016 年举行的“科技三会”（全国科技创新大会、两院院士大会、中国科协第九次全国代表大会）指出要加强知识产权保护、积极实行以增加知识价值为导向的分配政策，包括提高科研人员成果转化收益分享比例，探索对创新人才实行股权、期权、分红等激励措施，让他们各得其所。2016 年 11 月，中办、国办印发了《关于实行以增加知识价值为导向分配政策的若干意见》，该文件对实行增加知识价值为导向的分配政策进行了全面安排，是解放思想，充分调动广大科技人员积极性、主动性和创造性的一个重要文件。

关于科研人员的薪酬体系，国家一直在推进改革，从固定工资制到绩效工资制，从单一工资制到多元工资制。关于这些改革的实施状况，一些机构也进行了专项调查，但这些专项调查，主要是针对高校教师、医生、护士、农村基层人员的薪酬状况，或针对特别行业、区域人员的薪酬状况展开的。中国科学技术协会（以下简称中国科协）已完成三次科技工作者面上调查和科技工作者收入专项调查，为了解科技工作者的收入状况积累了丰富数据，学术界也在不断探索和研究。郑超、黄攸立分析了国有企业知识型员工激励机制，指出金钱财富是首要激励因素。胡振华、朱娜分析了知识型员工的特点，并在此基础上提出了对知识型员工实施长期激励和短期激励相结合及全面薪酬等建议。郝家龙对科研人员的薪酬体系进行了国际比较，指出了我国科研人员薪酬体系的不足，并提出薪酬体系设计建议。张建、张再生等从全面薪酬的角度研究了科技工作者的组合优化。这些研究都指出了物质薪酬对科技工作者的重要性，分析了我国科技工作者薪酬体系的不足，提出了相应的改进建议，对科技工作者薪酬激励机制的完善具有重要的借鉴意义。

那么，我国科技工作者目前的薪酬状况是否有所改善？满意度如何？激励程度怎么样？还存在哪些问题？虽然有相关专项研究，但是样本量不足，难以把握全体科技人员的薪酬状况。虽然中国科协通过三次面上调查，积累了一些关于科技工作者收入的数据，但是对科技工作者的薪酬结构、体系等内容缺少深入分析，也缺少访谈分析和案例分析。笔者利用中国科协对全国科技工作者进行第四次调查的契机，对科技工作者的薪酬状况进行了进一步调查；同时对一些企业和机构的薪酬状况进行了深度访谈，并对相关薪酬政策进行了全面梳理。基于这些一手数据，结合现有的相关数据，笔者以科技工作者为研究对象，分析其薪酬构成、影响因素以及满意度情况，并针对问题提出政策建议。

（二）概念界定

“薪酬”英文为“compensation”，意思是补偿、弥补、平衡，是指用人单位以现金或其他方式付出的报酬，包括员工从事劳动所得的工资、奖金、提成、津贴以及其他形式的各项利益回报的总和。薪酬的概念有广义和狭义之分，广义的薪酬包括内在薪酬和外在薪酬（见图1－1）。内在薪酬是雇员完成工作而形成的心理形式的报偿，如工作的成就感、获得的社会声望等。外在薪酬则包括货币薪酬和非货币薪酬。货币薪酬包括基本薪资、绩效工资、岗位工资、津贴、股票期权等；非货币薪酬则指工作环境和工作中的人际关系等。狭义的薪酬是指经济性的报酬，即货币和可以转化为货币的报酬。

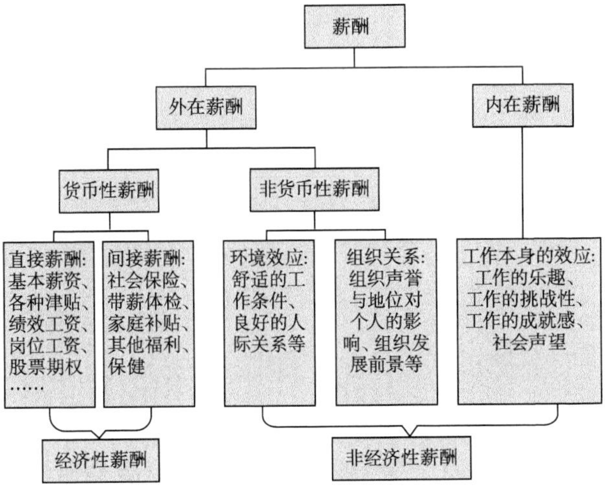

图1－1　薪酬概念图

本书研究科技工作者薪酬状况，研究对象主要指狭义的薪酬，即科技工作者在劳动中获得的货币形式的报酬，包括基本薪酬、可变薪酬、福利三个部分。基本薪酬和可变薪酬即货币性薪酬，主要包括基本工资、绩效工资、奖金、津贴、股权与期权等。福利是指法定和单位自设的各项福利，主要包括外派津贴、免费餐饮、交通补贴、过节费等。

（三）相关理论综述

1. 薪酬理论研究综述

薪酬的产生可以追溯到18世纪末，由亚当·斯密提出的劳动货币价格。经过一个多世纪的发展，薪酬理论不断发展变化，推陈出新以适应实践的需求。目前较为盛行的是绩效挂钩型薪酬，这类薪酬可以有效促进个人绩效和组织绩效的提升，打破平均主义，鼓励多劳多得，因而实现了薪酬的内部公平性并合理控制了组织人工成本。

从研究视角来看，薪酬理论可以分为两类，即薪酬的经济理论和薪酬的管理理论，二者分别与经济学和管理学的演变紧密相关，形成了各自的理论特征和学科优势。基于经济学视角的薪酬理论具有一定高度与深度，系统性强，但不针对实际管理操作；实际上，薪酬理论的早期发展与经济学有着更为紧密的联系。根据时间顺序可将薪酬的经济理论大致分为以下阶段。

20世纪以前，理论研究方向主要针对宏观经济运行中的工资问题，众多学者利用经济学原理重点分析了工资的决定因素。主要结论为工资水平取决于生存费用、工资基金、劳动边际生产力、劳动的供给和需求、工会的谈判能力等多种因素。

二十世纪六七十年代，研究方向开始转向企业微观收入分配问题，其中最具代表性的理论包括：人力资本理论，人力资本是指劳动者所具备的知识、技能和健康状态等，人力资本应与物质资本一样共同分享剩余财富。委托—代理理论，基于博弈论思想，指出企业需要建立一套既能有效地约束代理人行为，又能激励代理人努力工作的机制；在此背景下，依据不同的风险承担类型来选择不同制度。分享经济理论，工资应与反映企业经营状况的指数相联系，即形成分享工资制度，用以应对经济发展中的滞胀问题。

20 世纪 90 年代，宽带薪酬理论出现，该理论是由与企业组织扁平化、流程再造等新的管理战略、理念相配套的新型薪酬结构发展而来。宽带薪酬结构是对多个薪酬等级以及薪酬变动范围进行重新组合，从而变成只有相对较少的薪酬等级以及相应的较宽薪酬变动范围。一般来说，每个薪酬等级的最高值与最低值之间的变动比率要达到 100% 或 100% 以上。宽带型薪酬结构可能只有不超过 4 个等级的薪酬级别，每个薪酬等级的最高值与最低值之间的区间变动比率则可能达到 200% ~ 300%；而在传统薪酬结构中，这种薪酬区间的变动比率通常只有 40% ~50%。在宽带薪酬管理设计中首先考虑的两个最基本要素是市场竞争性和内部公平性。该薪酬结构有助于企业通过薪酬战略激励员工开发组织所需要的技术和能力，能有效引导员工重视个人技能的增长和能力的提高。

21 世纪初，全面薪酬概念开始广泛使用。全面薪酬是相对于传统薪酬概念而言，使薪酬的内涵得到了拓展。除了包含固定薪酬、变动薪酬、福利和津贴外，还包含非货币报酬，如对员工的尊重、对劳动的认可、员工培训与发展、工作环境与生活等。全面薪酬作为组织的一种战略手段，通过对组织薪酬进行战略思考和设计、实行战略性薪酬管理与调整，充分发挥薪酬的激励机制与导向功能，有助于实现组织战略目标。

就目前的发展状况而言，薪酬的经济理论重在揭示各种薪酬的激励作用、薪酬存在的合理性和激励的扭曲等问题。从微观的角度来看，工资存在巨大差异，工资的差异与许多因素有关。薪酬的经济学理论认为个体的努力程度和人力资本是造成巨大差距的重要原因，未来薪酬的经济学理论可能会更加专注于研究薪酬取得高激励效力的基础和条件。

基于管理学视角的薪酬理论关注于薪酬管理的技术和方法，简单实用，可操作性强，但缺乏系统深刻的理论分析。在工业革命前期，计件薪酬是最主要的薪酬制度。随着时代的变迁和科技的不断进步，日趋完善的管理理论在各类组织全面渗透，因而与此配套的薪酬管理理论也在发生着快速变化。由于薪酬管理理论的实践性很强，无系统的分类，现将目前管理学界和实践领域应用最广泛的理论成果概述如下：

从实际操作思路来看，薪酬管理理论主要包括：薪酬战略设计及不同战略层次之间的匹配模型、职位薪酬设计原则与方法、能力薪酬设计基本方法、绩效薪酬设计原则与方法、薪酬水平决策等。从薪酬的组合模式来看，传统的货币和实物报酬组合已逐渐被总报酬模型所取代。1990 年，特罗普曼提出了定制性与多样性相结合的整体薪酬计划，将所有组织能够提供的，对员工有价值的东西统一作为组织的激励资源，并以此来设计薪酬计划。2006 年初，美国薪酬协会（WAW）系统总结有关总报酬（total rewards）思想的应用和发展，提出了全新的总报酬模型，包含五大构成要素，即薪酬、福利、平衡工作与生活、绩效与认可、个人发展与职业机会。通过总报酬来吸引、激励和保留有价值的员工已经成为当前薪酬管理的大趋势。总报酬模型重新审视了组织和组织中人的价值，将多种激励方式有机地整合在了一起，体现了薪酬管理理论与心理学、经济学乃至社会学、文化背景的交叉融合。可以说，薪酬的管理理论在整个薪酬理论后期发展占据着主导地位，不断为组织实现其战略目标提供有力支持。

综上所述，虽然两类理论有着较为明显的差异，但却是可以相互借鉴、相互论证的。无论是基于何种视角的薪酬理论，都蕴藏着巨大的发展空间，仍需不断完善和进行多学科融合交叉以解决众多现实问题。

2. 激励理论研究综述

激励含有激发鼓励之意，即通过对个人需求的满足或限制，达到激发动机，引起行为的目的。行为科学将激励理论引入了现代管理学，根据其研究对象的差别，可将现代理论划分为三种类型。

（1）内容型激励研究

内容型激励理论的研究对象是激励因素的具体内容，代表理论是美国著名心理学家马斯洛（H. Maslow）在《人类动机理论》一书中提出的需求层次论。马斯洛提出了需求的五个层次，五个层次由低到高依次为生理需要、安全需要、情感需要、尊重需要和自我实现需要。生理需要与安全需要被称为较低级的需要，而情感需要、尊重需要与自我实现需要被称为高级的需要。马斯洛认为高级的需要是从内部使人得到满足的，而低级的需要则主要是从外部使人得到满足。需求层次论在管理实践中有一定的指导作用，多位学者依据该理论设计了员工的激励机制。但是，需求层次论带有人本主义学说的特点，并没有联系社会条件、人类历史发展以及社会实践，脱离这些条件来考察人的需要及其结构并不合理。

在需求层次论的基础上，赫茨伯格进一步分析人类的各种需求，将所有需求划分为两种不同类型，即双因素理论。这一理论为管理者提供了一种有益启示，即组织只有满足员工的“激励因素”才能提高员工的满意度，而“保健因素”的改善只会消除不满情绪。双因素理论从能否提升满意度的角度将激励因素进行划分，开拓了内容型激励的新型研究视角；其在企业管理中的应用较多，众多学者通过实证调查来界定激励因素和保健因素。但两类因素在实践中的激励效果并没有如此大差异。苏列英通过实证研究指出，保健因素在有利于与不利于激励知识型员工出现的频率都位居前列。因此，中国背景下的企业组织，不仅要注重激励因素，更要注重保健因素的影响。

奥尔德佛于20世纪70年代提出一种新的内容型激励理论——ERG理论，这一理论修正、重组了马斯洛和赫茨伯格的基本论点。ERG理论包括三大需求因素，即“生存（existence）、相互关系（relatedness）、成长需要（growth）”。奥尔德佛对需求归类同马斯洛的方式是相似的，只是他把需要归为三种。不同的是，奥尔德佛认为社会环境因素会影响人类的高层次需要，人的需要在发展过程中不是简单地逐级上升；既可以越级上升，也可以停滞不前，甚至当较高层次的需要得不到满足时，又会回归到原来较低层次的需要上来。ERG理论相对于需求层次论更加符合实证研究结果，并指出了个体需求的特殊差异；只有明确这样的差异，激励措施才能更加有效。钟永祥根据ERG理论构建了全面薪酬体系，并认为生存、交往和成长需求是人们的最基本需要，不能相互替代，企业的薪酬体系应该同时满足这些需要。魏新、李伟通过研究发现生存需要、交往需要和成长需要如果没有得到满足就会导致人才流失。

综上所述，所有的内容激励理论都是以人的需求为出发点加以研究论证激励方式的；如果不能准确认知人的需求，那么该理论发挥效用的可能性几乎为零。在现实中应用内容型激励，要尽可能主动消除激励与被激励方的信息不对称；当被激励方的需求不能有效反馈到激励方时，需要采取必要的补偿措施，如可以丰富激励物的种类，给予被激励者更多的选择自由度。中国学者薛敏、闫书哲提出对知识型员工应进行如下的激励回应：以自我实现需求的满足来实现知识型员工自我激励，建立个性化激励方案，并且注重增强管理柔性，给予知识型员工更多自主性。

（2）过程型激励研究

过程激励理论的研究对象是行为由产生、发展到结束的整个过程，即探讨怎样在激励的各个环节都能调动人们的积极性。过程激励理论主要包括期望理论、公平理论等。

美国心理学家弗鲁姆于1964在他的《工作与激励》一书中提出期望理论，该理论用公式表示为：$M = E \times V$（M表示激励力，E表示期望值，而V表示效价）。其中，激励力代表了某一措施对个体产生的激励程度，期望值表示个体对自己工作绩效实现可能性的判断，效价表示个体对奖励的重视程度。该理论表明个人的激励程度并不单纯地取决于任务的大小和报酬的多少，而取决于二者之间的关联度；只有当报酬与绩效的密切程度加大时，对个体的激励程度才会增强。此外，平衡期望值与效价的关系也非常关键，如果任务难度大大超越了个人能力，激励的意义也就不复存在；报酬与需求的关系同样密切，如果报酬不能满足个体需求，即使报酬与绩效联系密切，个人也不会努力提升工作绩效。赵世君、杨亚娥通过实证研究分析了期望理论下的员工激励与企业绩效关系，指出我国企业缺乏健全的激励机制，导致激励效价和期望值低下，造成企业总体激励水平不高。由此可见，期望理论的结论与实证研究结果是相符合的。期望理论指出了期望、需求、绩效以及报酬之间存在的制约和联系，对于企业建立良好的激励机制有重要启示作用；但是，对于某些工作而言，绩效评价本身具有不确定性，而且个人成果与团队成果也很难区分。因此，激励机制的建立并非一蹴而就的事情，需要动态调整、完善。

20世纪60年代末，波特和劳勒以期望理论为基础，提出了一种新的激励模式。该理论认为，个人努力程度与激励强度有关，激励的强度取决于多方面变化的因素。波特—劳勒激励模式较全面地描述了激励系统，管理人员需要谨慎设计组织结构和薪酬结构，实现目标管理；同时，同一项工作要获得更大的激励效果只能交给内在激励价值高的人。

顾建平和卢馨以过程激励理论为基础，通过实证研究指出对知识员工的薪酬激励并不等于直接关注薪酬本身，同时要关注如何正确使用薪酬支付技巧问题及组织在管理实践中薪酬支付过程的科学实施，其中包括薪酬方案的民主化、薪酬信息的良性沟通以及薪酬支付环境的营造。黄春基和徐剑铖利用波特—劳勒激励模式分析探讨医院科研工作的制约因素：参与的被动性、过程的艰难性、报酬的不平衡性等，据此提出了降低科研起步难度、调整价值导向等激励体系改革方案。

（3）行为改造型激励研究

行为改造型激励理论的研究对象是如何进行行为的改造和修正，通过分析人们的内在需要和动机是如何推动行为，从而巩固和发展积极行为，改造和转变消极行为，代表理论包括操作条件反射理论和归因论。

在巴普洛夫的条件反射论基础上，美国哈佛大学心理学教授斯金纳提出操作条件反射理论。该理论与内容型激励理论的根本差别在于内容型激励理论通过研究人的需求来解释推动行为的动力，而操作条件反射理论几乎不考虑人的内在需求，而以人的行为与客观条件的联系为中心。斯金纳认为不应从需求的满足角度解释人的行为，而应从决定行为的外部条件来解释行为。对于管理者来说，这种理论的意义在于可以通过有效的培训和学习，使员工适应客观环境；而员工的绩效和因此取得的报酬会对员工未来行为产生至关重要的影响。因此，如何保持激励的延续性同样重要。在设计激励体系时必须要明确指定目标和取得该目标后所给予的奖励，并通过不断改变目标和奖励措施来控制人们的行为。

归因论是说明和推论人们活动因果关系的理论，归因论又称认知理论，它是由美国心理学家海德、罗斯和澳大利亚心理学家安德鲁斯等提出并发展的。该理论属于社会心理学的范畴，即通过改变人的自我认识来改变人的行为。归因论在激发成就动机方面有重要作用，成就的获得依赖于个人对曾经成功或失败的不同归因。简言之，如果个人将失败归因于资质差、客观条件恶劣等不可改变的因素，就会降低成就动机，从而影响其未来的成功；如果个人将失败归因于个人不努力等可改变因素，就会增强自信，提升工作绩效。归因论虽属于心理学范畴，但在管理实践中有一定积极作用。通过把握员工归因的倾向和规律，引导员工持有正确的归因倾向，有助于提升员工的工作积极性。

3. 薪酬结构模式

（1）典型薪酬结构模式

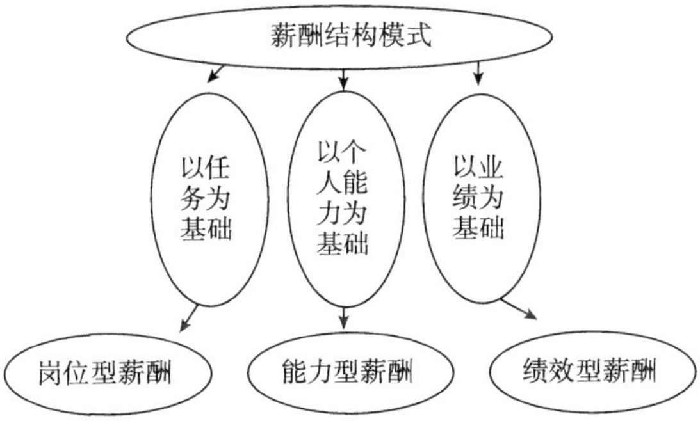

图 1－2　薪酬结构的典型模式

较为公认的是将薪酬结构模式分为三大类，即以任务为基础的岗位型薪酬结构模式，以个人能力为基础的能力型薪酬结构模式，以业绩为基础的绩效型薪酬结构模式，见图 1－2。每种薪酬结构模式的内容、优缺点及实施条件如表 1－1 所示。

表1-1 不同薪酬结构模式的内容、优缺点及实施条件

	岗位型薪酬结构	能力型薪酬结构	绩效型薪酬结构
主要内容	岗位薪酬按照员工所担任的不同岗位确定薪酬标准。通过对每个岗位的技术含量、工作职责、劳动强度和环境等因素进行评估分级，以岗位的重要程度和岗位的市场薪酬水平为分配依据	能力型薪酬是根据员工所掌握的与工作相关的知识、技能、经验而确定薪酬标准的一种分配方式。在该工资模式下，员工薪酬水平的提高取决于员工个人在知识、技能等方面的提升，与员工的职位等级和岗位价值工作无关	绩效薪酬是将员工的工作表现和工作业绩与收入分配挂钩的一种分配模式。该薪酬模式关注的是员工个人工作成果与贡献，如劳动成果数量、质量，工作所产生的效益与效果。绩效薪酬随着员工实际绩效目标完成状况而波动
优点	①依据同岗同酬和同工同酬，使薪酬分配体现了内部公平；②淡化了身份在薪酬分配中的作用，降低了薪酬的复杂性，有利于节约成本；③与岗位型薪酬相对应的岗位聘任能激励员工根据岗位的要求提高自身的知识、技能水平；④由于岗位工作与组织目标具有一致性，因此岗位薪酬能有效促进组织目标实现	①它能鼓励员工结合自己的特点提升个人的能力，为员工的职业发展提供更广阔的路径；②员工注重能力提升，往往会偏向于合作，而不是竞争，有利于构建和谐团队氛围；③容易拉开不同员工之间的薪酬差距，充分调动员工积极性；④员工能力不断提升，使组织能够适应多变的环境，增强组织灵活性	①绩效薪酬分配将个人的收入同工作绩效直接挂钩，体现出多劳多得、优劳优得的分配理念，避免“大锅饭”现象；②绩效薪酬具有良好的激励功能，有利于提高员工的工作动力，提升组织的效能；③有利于控制组织的薪酬成本。由于员工的绩效总是和组织的总体发展状况相一致，从而避免了因组织效益低下时支付高工资的风险
缺点	①容易忽视员工个人的能力和业绩，对优秀人才缺乏激励机制；②随着岗位级别的增加，员工晋升的概率和机会逐渐变得有限。当员工感到晋升无望时，容易失去进取之心，丧失工作热情	①难以建立一套公平合理的能力评估标准，难以处理员工外显能力和潜在能力、组织要求的核心能力和员工自我能力、能力的大小和能力等级之间关系；②随着员工能力的不断发展，组织的薪酬成本往往无法控制；③基于能力的薪酬结构可能会使薪酬战略与组织目标或使命相背离	①绩效薪酬鼓励员工之间的竞争，破坏了员工之间的信任和合作，容易导致员工之间的恶性竞争；②对于工作业绩难以测量或者成果周期较长的工作，绩效评估往往很难做到客观准确；③绩效薪酬对同时从事多项任务和工作的员工，在评价过程中，对多任务间替代性问题的处理往往比较复杂，难以达到理想效果；④绩效薪酬容易使薪酬失去保障功能，不利于组织和员工的稳定

续表

	岗位型薪酬结构	能力型薪酬结构	绩效型薪酬结构
实施条件	①岗位分工明确，岗位内容规范、标准，不同工作和岗位容易进行相关评价；②组织对员工技能、能力以及人力资本存量不是特别强调；③各个岗位以及岗位等级之间具有相对稳定性	①要有以人为本的薪酬分配理念；②需要有宽松的组织环境和民主的管理模式，金字塔式的层级管理一般不适合能力型薪酬结构	①组织有明确的绩效目标，这些目标能够转化为员工具体工作任务和职责；②员工的工作业绩和效果能进行较为客观的测量和识别

（2）薪酬模式的选择

基于上述三种不同薪酬结构模式的内容及优缺点，一些学者从工作的技术含量、产出周期长短以及产品的量化程度来衡量薪酬结构模式的选择及搭配。

针对容易量化的工作岗位可以选择以绩效工资为主；同时依据产出周期的长短、工作技术含量的高低，确定以能力工资为辅还是以岗位工资为辅。假如产出周期长、技术含量高，可选择以能力工资为辅；产出周期短、技术含量低，可选择以岗位工资为辅。

针对产出周期长、技术含量高、难以量化考核的岗位，如基础研究、基础教育、技术开发等岗位，宜采取能力工资为主的薪酬模式，即根据员工身上所承载的企业发展所需知识、能力和经验的多少及相对重要性，并通过能力评估制定相应的能力薪酬标准。

针对一些产出周期短、绩效难以量化考核、技术含量低的岗位，如普通管理岗位，可采取以岗位工资为主的工资模式；按照所在岗位责任的大小和相对重要性，并通过岗位评价制定相应的岗位工资标准。同时，这些岗位的经验积累和熟练程度也很重要，可适当考虑年资，以年终工资作为补充形式，见图 1-3。

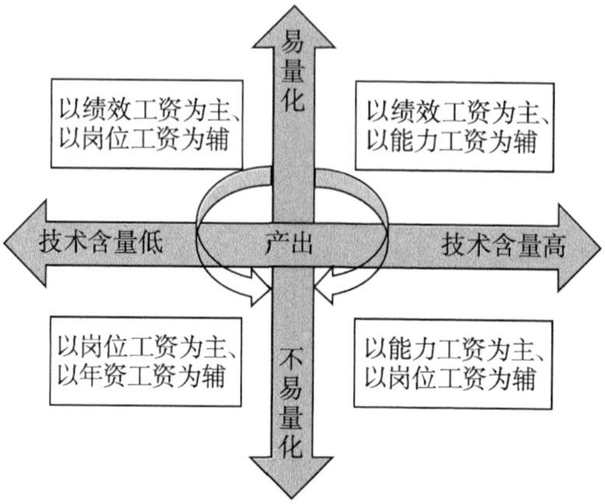

图1－3　工资模式选择参考

（四）研究方法和技术路线

1．研究方法

（1）文献法

关于薪酬的基本概念、相关理论以及我国薪酬体制现状，笔者通过查阅相关学术期刊的数据库及著作，对相关内容进行了整理，从中提取有针对性的文本信息。

（2）专家咨询法

为了能够设计出科学完善的科技工作者薪酬状况调查问卷和科技工作者薪酬体系访谈提纲，笔者在问卷设计和访谈提纲设计过程中多次向该领域的专家进行请教和咨询，形成各位专家较为认可的调查问卷和访谈提纲。

（3）问卷调查法

为了全面了解我国科技工作者的薪酬水平、薪酬结构、影响因素以及薪酬感受，笔者借助全国科技工作者第四次调查平台，将第四次全国科技工作者状况调查问卷向科技工作者投放，共收回有效问卷 48099

份，形成结构化数据。

（4）深度访谈法

为了解高校、科研机构、国企在薪酬体系改革进程中的现状，是否达到了国家绩效工资改革的初衷，笔者选取了不同区域的 8 家公有制单位进行了深度访谈，为我国科技工作者薪酬状况分析提供了非结构化数据。同时为了解外企和民企对科技人员所实施的薪酬制度，笔者选取了 3 家企业进行了深度访谈，为不同所有制科技工作者薪酬制度比较提供了性质数据支撑。

2. 技术路线

本次科技工作者薪酬调查的基本思路：首先，通过文献分析了解薪酬的基本概念和理论，确定本次薪酬调查所涉及的范围；依据概念和理论，通过专家咨询方式形成科技工作者薪酬状况调查问卷和访谈提纲。其次，通过第四次科技工作者调查平台发放问卷和收集问卷，进行数据清理和分析，形成问卷数据分析报告；通过对北京、天津和山西三地 11 家不同所有制单位的人事部门进行深度访谈，进行资料整理和分析，形成典型案例分析报告。同时，对科研人员的薪酬体系进行文献梳理，了解学术界关于科研人员薪酬体系的研究现状，并就科技工作者薪酬相关政策进行了整理和量化分析，全面了解科技工作者薪酬政策的特点和趋势。最后，基于上述问卷数据分析、案例分析、文献分析及政策分析，对我国科技工作者的薪酬状况做出基本判断，发掘存在的主要问题，并提出相应的对策建议，见图 1－4。

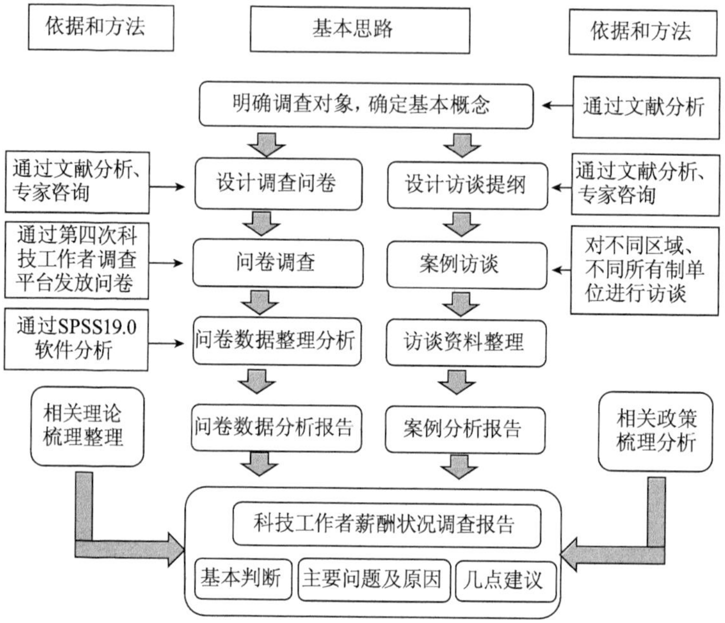

图 1－4　科技工作者薪酬状况调查技术路线

二、基本判断

（一）绩效工资制度在企事业单位中取得进展

在国家绩效工资改革推动下，多数企事业单位实施了绩效工资制度。调查数据显示，超过半数（54.2%）科技工作者的薪酬模式是三元工资制、二元工资制或年薪制，其中，科研机构、高校、卫生机构、大型企业科技工作者的薪酬模式更多为三元工资制、二元工资制或年薪制，所占比例分别为 55.3%、56.7%、61.8%、62.5%。特别是近些年国家出台的相关薪酬政策，不断强化员工实际贡献在绩效工资中的主导作用，越来越多的企事业单位开始深化绩效工资改革，突出知识价值、实际贡献在薪酬分配中的主导作用。多数科技工作者反映单位绩效考核内容以工作业绩为主。调查数据显示，82.7% 的科技工作者反映所在单位绩效考核内容包括工作业绩，30.3%的科技工作者反映包括项目承担量，25.9%的科技工作者反映包括论文发表量。笔者访谈的企事业单位，都已经实施绩效工资制度，其中多数单位正在积极进行绩效薪酬改革。例如，北京某家科研院所正在探索实施宽带薪酬制度，某高校积极利用多元化薪酬制度引进国际顶尖人才，某地方国企通过第三方咨询机构实施以岗定薪的差别化绩效工资制度。

（二）科技工作者收入增长，满意度有所提升

伴随经济的发展，国家相关政策的不断落地和推进，科技工作者的收入在不断提高。调查数据显示，2016年科技工作者全年总收入平均为90985.50元，比2013年增加了16848.5元，增幅为22.7%。其中，东部地区科技工作者收入是中部地区和西部地区的1.3倍。科技工作者的满意度也在不断提升，2017年近三成（29.6%）科技工作者对自身收入表示满意，与2008年第二次全国科技工作者状况调查（20.9%）以及2013年第三次全国科技工作者状况调查（24.2%）相比有所提升；并发现，西部地区科技工作者的薪酬满意度（30.1%）高于中部地区（29.7%），东部地区最低（29.2%）。

（三）高校的薪酬激励状况好于科研院所

高校和科研院所作为科技人才的集中地，是科技创新的主力军；在薪酬激励方面，高校要优于科研院所。在收入方面，高校科技工作者是科研院所科技工作者的1.15倍。在薪酬满意度方面，高校为33.8%，远高于平均水平（29.6%）；科研院所为25.2%，远低于平均水平。在薪酬竞争力方面，51.1%的高校科技工作者认为本单位的薪酬水平在该领域具有竞争力，而科研院所这一比例仅有43.1%。在薪酬对创新业

绩的激励方面，高校48.0%的科技工作者认为本单位的薪酬激励措施对创新绩效的激励作用明显，科研院所这一比例仅为36.5%。在科研项目经费允许在绩效激励中使用方面，高校为45.9%，科研院所仅为36.3%。在能够自主决策绩效考核和绩效分配方面，高校为50.9%，科研院所为42.5%。综上各维度，不难看出高校科技工作者的薪酬状况要好于科研院所科技工作者的薪酬状况。

（四）年薪制等薪酬制度激励效果明显

年薪制、期权（分红）、谈判工资制等新型工资模式更具激励性，也是近些年国家一直提倡的薪酬模式，实践也证明了这些新型工资模式的优越性。调查数据显示：年薪制的科技工作者中，70.8%的科技工作者认为本单位的薪酬具有竞争力；谈判工资制的科技工作者中，56%的科技工作者认为本单位薪酬具有竞争力；“工资+股权（期权）+分红”薪酬模式的科技工作者中，51.9%的科技工作者认为本单位的薪酬具有竞争力；三元工资制的科技工作者为50.8%；二元工资制的科技工作者为50.1%；固定工资制的科技工作者为46.4%。由此可见，年薪制薪酬制度的激励效果明显。此外，研究抽取了平均月工资6325元（上下浮动1000元）的人群，分析显示，在相同或相近收入水平情况下，分别52.1%和41.8%年薪制科技工作者对薪酬创新绩效和纵向竞争力给出正向评价，远高出41.9%和26.4%的平均水平，明显高于结构工资制（二元结构工资制为41.3%、27.8%，三元结构工资制为39.3%、21.8%）和固定工资制（43.1%、27.4%）的水平；45.7%年薪制科技工作者满意于自身薪酬，高于29.6%的平均水平，明显高于结构工资制（二元结构工资制的28.0%，三元结构工资制为29.6%）和固定工资制（28.4%）的水平。以上表明年薪制在薪酬激励中的优势明显，年薪制已成为近些年吸引高层次人才特别是吸引海归人才的重要措施。

（五）科技成果转化激励政策的实质落实缓慢

新修订的《促进科技成果转化法》颁布施行以来，国家和地方出台了一系列有关科技成果转化的政策文件；但是仍然有不少高校、科研院所、科技企业还没有实质性推进科技成果转化激励政策落地，仍在等待观望。访谈中，被访的3所高校和1所科研院所都没有出台关于科技成果转化奖励的细则，都在探讨中；在政策落实过程中仍有疑惑和不解，需要政策制定部门给予更多的解读和指导。被访的一线科研人员不了解本单位有没有关于科技成果转化激励的具体措施。说明科技成果奖励的具体措施在多数科研事业单位中并没有真正落实，政策落地难的老问题还没有得到有效解决。

三、存在的主要问题

（一）科技工作者整体薪酬水平偏低，成为离职首要因素

1. 我国科技工作者的薪酬满意度仍处于偏低水平

科技工作者对薪酬水平的满意度虽持续提升，但仍处于偏低水平。满意于自身收入的科技工作者为29.6%，45.6%科技工作者认为一般，24.9%科技工作者不满意（16.8%科技工作者不太满意，8.1%很不满意）。与2008年（满意率20.9%）、2013年（满意率24.2%）两次面上调查数据相比，薪酬满意度持续提升，但提升速度缓慢，幅度不大。特别是科研院所和大型企业，分别仅有25.2%和25.0%的科技工作者对薪酬表示满意。表明科技工作者对薪酬水平满意度偏低的老问题仍然

没有得到根本解决。另外，行政职务高低与对薪酬水平的满意程度呈明显正相关。无行政职务、一般管理人员、中层管理人员与高层管理人员对收入的满意比例分别27.5%、30.4%、39.9%和49.2%，说明职务水平直接影响科技工作者对薪酬水平的满意程度。

2. 我国科技工作者薪酬增幅较缓，竞争力不足

我国科技工作者薪酬水平略高于全国人均水平，但增幅明显低于平均水平。调查显示，我国科技工作者2016年平均年收入为90986元，较2012年的74137元增长22.7%，年均增幅约5.7%；从倍数来看，科技工作者2016年平均收入是2012年的1.2倍。我国城镇单位就业人员2015年平均工资为62029元，较2012年的46769元增长32.6%，年均增幅约10.8%；从倍数来看，城镇单位就业人员平均收入是2012年的1.3倍。可见，较全国人均工资水平，科技工作者实际薪酬水平并无优势。同时，在本领域的薪酬竞争力调查中，近三成（28.6%）的科技工作者认为所在单位的薪酬水平在本领域不具有竞争力，特别是超过四成的科研院所工作人员（42.0%）、近五成（48.8%）的科学研究人员认为所在单位的薪酬水平在本领域不具有竞争力，说明科研人员薪酬水平在同领域的竞争力不强。

3. 高层次人才的薪酬水平缺乏外部竞争性

目前，由于缺乏有效的工资收入水平调查机制，工资收入难以体现人才的市场价值，导致工资水平的外部竞争力不强，这种现象在一些市场上薪酬较高的行业如计算机等领域尤为明显。调查发现，与国外的工作收入相比，45.2%有海外工作经历的高层次人才认为少了三成以上，12.9%“海归”高层次人才认为少了不到三成，认为升高的仅为12.1%；与国内同级别的其他行业同事收入相比，32.6%的海归高层次人才认为自己收入更低。此外，在科技工作者薪酬状况调查中发现，学

历越高、职称越高的科技工作者，认为薪酬不具有竞争力的科技工作者比例越高。专科、本科、硕士、博士分别为 19.6%、26.3%、33.5%、40.6%；无职称、初级、中级、副高级、正高级分别为 17.0%、23.9%、32.2%、37.1%、36.4%，表明高级科技人才的薪酬竞争力相对更弱。

4. 我国科技工作者薪酬的社会横向比较水平相比美国差距较大

我国已经成为科技人力资源大国，而科技工作者的薪酬水平却与美国相去甚远。2016 年美国工程技术人员的年均收入为 96440 美元，接近全体劳动者平均收入的 2 倍。而我国工程技术人员 2016 年的收入为 89975 元，是我国城镇单位就业人员 2016 年平均工资的 1.3 倍。如果按世界银行的购买力平价计算，美国工程技术人员平均收入是我国工程技术人员平均收入的 3.7 倍，而美国劳动者平均收入是我国城镇单位就业人员平均工资的 2.6 倍，我国工程技术人员收入的社会横向比较水平远低于发达国家。

5. 收入待遇成为离职首要因素

在考虑过离职的科技工作者中，超过四成（44.6%）归因于收入待遇差，在 18 个离职因素中排首位，明显高于工作压力大（26.8%）、缺乏成就感（24.5%）、职称（职务）晋升困难（19.6%）等因素。由于收入待遇差可能离职的科技工作者中，男性（48.3%）明显高于女性（40.1%）；从单位类型来看，科研机构（50.1%）、大型企业（49.1%）的科技工作者因收入待遇差可能离职的比例明显偏高。

（二）绩效薪酬有效落实不足，激励效果难以释放

1. 超过半数科技工作者认为本单位薪酬措施不能体现创新绩效

调查结果显示，仅 42.0% 科技工作者认为单位的薪酬措施对创新

绩效提升效果非常明显或比较明显，其中 8.7% 认为非常明显，33.3% 认为比较明显，15.7% 表示没有影响，39.1% 认为不是很明显，3.2% 认为甚至起到了反作用。高等院校和卫生机构的科技工作者对创新激励效果肯定的比例相对偏高，分别为 48.0% 和 49.2%，明显高于科研院所（36.5%）、技术推广与服务组织（36.3%）的科技工作者。说明一些企事业单位的绩效薪酬，特别是科研院所、技术推广与服务组织的绩效薪酬激励性不足，还有较大的提升空间。

2. 多元化薪酬制度在企事业单位中还没有大范围开展

科技工作者的薪酬设计和科技工作者的工作积极性具有强相关性，是提高工作效率的重要途径。调查显示，在科技工作者薪酬模式中，42.0% 为固定工资制，仅有 5.4% 为年薪制、0.9% 为谈判工资制度、0.8% 为“工资 + 股权（期权） + 分红”，科学研究人员中实施年薪制、谈判工资制和“工资 + 股权（期权） + 分红”的比例比上述平均水平更低，分别为 3.3%、0.6%、0.4%、0.6%。调查还发现超过半数（57.1%）企事业单位还没有实行股权或分红激励，科研院所超过六成（64.3%）还没有实施股权或分红激励。说明我国科技工作者所在单位的薪酬制度还不够灵活，多数单位没有针对不同类型科技工作者采取不同的薪酬制度。

3. 科研经费在绩效激励上作用有限

事业单位实行的是工资总额控制制度，即各事业单位每年发放的工资总额是既定的，包含基本工资、岗位工资和绩效工资。如果不允许从科研项目经费中安排绩效支出激励科技工作者创新积极性和主动性，则难以发挥绩效工资的激励作用。但在调查中发现，超过六成（61.0%）的科技工作者反映所在单位不允许在财政科研项目经费中安排绩效支出。说明我国企事业单位没有充分挖掘科研经费薪酬绩效激励作用，薪酬制度较为僵化，不够灵活。访谈中，科研院所和高校人事工作负责人提出了工资总额控制制度导致的绩效薪酬改革问题。

（三）职称是影响薪酬的决定因素，工作业绩影响较小

1. 科技工作者实际贡献对薪酬的影响较小，职称影响较大

调查发现，决定我国科技工作者薪酬最重要的因素是职称（52.9%），明显高于工作年限（37.5%）、工作业绩（35.7%）、职务（31.4%）、岗位（26.8%）、承担任务量（13.5%）等因素。其中，工作业绩对科研院所薪酬影响更小（仅为31.9%），对国有企业和中小企业薪酬影响稍大（分别为42.5%和43.5%）。调查结果显示，职称对薪酬的决定程度随学历提高而加重。博士学历的薪酬取决于职称的高达73.6%，明显高于拥有硕士（59.3%）、本科（49.7%）和大专（39.2%）学历者。正高级、副高级职称者的薪酬取决于职称的高达65.2%、65.3%。总体来讲，在现有的薪酬影响因素中，职称较为重要，发挥主导作用，应该起主导作用的工作业绩却对薪酬没有发挥应有的作用。访谈中，一些国企虽然实施了绩效工资制度，但是起主导作用的依然是职务和职称，绩效工资所占比例较小。

2. 科技工作者对薪酬影响因素的认识与现实情况形成鲜明对比

调查结果显示，在影响薪酬的因素上，科技工作者认为工作业绩应该占据主导地位的占71.9%，明显高于现实中工作业绩所占比例（35.7%）；认为职称应占主导地位的占40.9%，明显低于工作业绩，也明显低于现实中职称的比例52.9%。其中，科研院所科技工作者对工作业绩在薪酬中发挥作用的呼声更高，认为工作业绩和项目承担量主导薪酬水平的比例分别为74.2%和39.9%，高于其他单位科技工作者。可见，科技工作者对薪酬决定因素的认识与国家政策的倡导高

度一致，突出工作业绩在薪酬分配中的主导作用，与现实情况形成了鲜明对比。这反映了我国企事业单位现行薪酬制度设计的不合理，特别是在科研院所，过分注重职务和职称，没有突出科技工作者的实际贡献。

3. 越是学历高、年龄大、职称高的科技工作者越是希望将薪酬与工作业绩挂钩

调查发现，35 岁以下科技工作者中，有 68.5% 的人认为薪酬影响因素中应包含工作业绩，35～44 岁年龄段的科技工作者这一比例为 74.9%，45 岁以上的科技工作者这一比例为 75.7%；学历为大专的科技工作者中，有 62.0% 认为薪酬影响因素应包含工作业绩，远低于学历为本科的 70.7%、硕士的 77.1%、博士的 82.9%；无职称的科技工作中，有 59.8% 的人认为薪酬影响因素应包含工作业绩，远低于拥有初级职称者的 68.5%、中级的 74.5%、副高级的 80.6% 和正高级的 82.5%。

（四）科研院所的薪酬激励改革相对滞后，满意度偏低

1. 多样化的薪酬模式在科研院所难以体现

在多样化薪酬模式中，年薪制近些年应用最多，但是科研院所的应用程度依然较低。调查结果显示，科技工作者中实施年薪制的占比为 5.4%，但是在科研院所，这一比例仅为 3.2%，低于总体水平，也远低于同样具有科研性质的高校（6.2%）、大型企业（9.3%）和中小型企业（9.2%）。此外，对于谈判工资制以及股权（分红）薪酬模式的应用，科研院所也没有优势；调查结果显示，总体水平为 1.7%，而科研院所仅为 1.2%，低于平均水平，也远低于大型企业（2.3%）和中小企业（4.4%）。说明科研院所的薪酬制度不够灵活，多样化的薪酬

模式在各类机构中并没有显示出优势。

2. 科研经费在科研院所薪酬激励中发挥的作用有限

伴随薪酬制度改革的不断推进，一些企事业单位应允许从科研经费中提取一定的费用用于绩效激励，特别对于以科研项目为支撑的科研院所来说，更应如此。但是科研院所同其他组织机构相比，科研经费改革不但没有显示出优势，反而更为滞后。调查结果显示，科研院所中63.7%的科技工作者反映所在单位不允许在财政科研项目经费中安排绩效支出，远高于高校的54.1%，也高于大型企业的63.0%和中小企业的61.0%。在横向委托项目经费中，科研院所高达66.9%的科技工作者反映单位不允许在横向委托项目经费中提取人工费和奖酬金，远高于高校的54.3%。访谈中，一些单位人事负责人指出将科研经费应用于科研人员激励所面临的困难，可能会出现不合规的情况，政策不是特别明朗。

3. 科研院所的薪酬满意度和薪酬竞争力在各类型机构组织中处于低位

调查结果显示，科研院所科技工作者薪酬满意度为25.2%，远低于除大型企业（25.0%）外的其他组织机构，特别是技术推广组织（34.1%）、高校（33.8%）、卫生组织（33.8%），也低于科技工作者薪酬满意度总体水平（29.6%）。与此相对应的是科技工作者竞争力，调查结果显示，超过四成的科研院所科技工作者（42.0%）认为本单位薪酬水平在本领域不具有竞争力，在各类型组织中比例最高，远高于高校（32.8%）、技术推广组织（28.8%）、大型企业（31.6%）、中小型企业（24.2%）等其他类型组织。表明科研院所科技工作者的薪酬满意度相对较低，相对较多的科技工作者认为本单位薪酬水平在业界不具有竞争力。

（五）青年科技工作者薪酬问题更为突出

1. 青年科技工作者的薪酬满意度明显低于其他年龄段科技工作者

青年科技工作者处于创造力最旺盛时期，是科技队伍中最具活力的生力军。当前青年科技工作者接受系统教育比例较高，学历层次高，创造力强，青年科技工作者的工作和创新能力应该给予最大限度地激励和挖掘。但是在薪酬满意度调查中发现，青年科技工作者的薪酬满意度（35 岁以下为 28.1%）低于科技工作者的总体满意度水平（29.6%）；特别是 35 岁以下的青年科技工作者的满意度（28.1%）显著低于 45 岁以上科技工作者（35.4%）。

2. 青年科技工作者收入低问题较为突出

调查显示，35 岁以下青年科技工作者收入低问题较为突出。35 岁以下青年科技工作者中超过半数（52.9%）反映收入低是目前面临的主要困难，显著高于 35 ~ 44 岁（44.3%）和 45 岁及以上的科技工作者（34.6%）。访谈中，青年科技工作者对生活现实问题感受更为强烈，具体涉及住房、婚姻、育儿、赡养老人等问题，青年科技工作者更注重经济型报酬。

3. 青年科技工作者的离职意愿更强烈

调查结果显示，超过四成的 35 岁以下科技工作者（41.7%）有更换工作或职业的打算，远高于科技工作者的总体水平（36.6%），更高于 45 岁以上科技工作者（24.8%）。在一定程度上说明青年科技工作者因对经济状况的不满导致其考虑换单位或者换职业，影响其对现在所从事工作的职业忠诚度，对他们的工作生活造成负面影响。

四、存在问题的原因

（一）科技领域激励政策尚未全面落地

2016 年“科技三会”召开进一步推动科研领域“放服管”改革，《关于实行以增加知识价值为导向分配政策的若干意见》的出台为薪酬制度改革指明了发挥市场机制作用、构建三元薪酬体系的改革方向。但调查结果显示，近六成的科技工作者（57.1%）所在机构未实行股权或分红激励，科技成果转化奖励实质措施推进缓慢，落实困难，还没有在薪酬激励方面发力。一些国企、科研院所推动开展的绩效工资改革并未使科技工作者的收入发生明显变化，“新瓶装旧酒”情形普遍；大多数科研事业单位的薪酬分配在实质上仍然采用传统的分配制度，难以突破“大锅饭”思维模式。

（二）收入分配制度改革滞后，多数单位受工资总额上限困扰，绩效工资来源不充分

由于收入分配改革制度的落后，多数科研事业单位虽然实施了绩效工资制度，但是受工资总额上限的控制，难以充分发挥绩效工资的作用，一些单位只好“自谋出路”。49.2% 的被调查者认为用于激励的绩效经费没有稳定来源。一些单位反映为提高在职科技人员收入水平，稳定研究队伍，资金缺口部分尤其是绩效奖励，只能用承担的国家重点科研项目经费以及房屋租赁等经营性收入弥补。[①] 同时，在多方筹资弥补薪酬激励资金缺口时，容易造成不合规开支现象。特别对于全额事业单

① 参见《中国科协关于职称制度改革进展情况和事业单位高层次人才收入分配激励机制政策实施情况的评估报告》。

位，机构的分配自主权严重受限，只有国家财政拨款这一条经费渠道，没有自有经费可用于人才激励；薪酬激励的天花板效应明显，鲜有经费渠道实现协议工资制，难以引进人才和稳定人才。

（三）一些单位对薪酬体系改革认识不到位，观念落后

进行薪酬体系改革，实行绩效工资的目的是提高科研人员的积极性，提高创新效率。但是一些科研单位受“金饭碗”“大锅饭”等传统观念的影响，对实施绩效工资的认识并不到位，甚至有偏差。领导不够重视，员工有抵触情绪，调查中发现较多科研事业单位上至领导下至员工片面认为绩效考核仅是确认事实、确认奖惩，员工甚至有反感情绪。中上层管理者对薪酬体系改革没有足够认识，认为实施绩效工资、进行绩效考核仅是人事部门的工作范畴；相关实施绩效考核的管理者没有经过专业培训，对绩效考核的过程和程序学习不全面。最终绩效工资、绩效考核仍然以“论资排辈”为导向，员工被动接受考核，改革流于形式，还有一些员工甚至将绩效工资理解为增加工资。

五、改进建议

（一）加大收入分配政策普及力度，推动激励政策的全面落地

针对以增加知识价值为导向的相关分配政策的宣传和落实，各级政府应组建专门的政策宣讲团，分赴所属高校、科研院所、国有企业等单位进行政策宣传和解读；回应高校、科研院所、国有企业等组织在落实政策中面临的问题、存在的疑虑、遇到的障碍或困难等；做到准确规范、依据充分、条理清晰、容易理解，避免引起误解误读。成立政策咨询服务平台，通过电话、网络、微信、邮件等途径，接受各

组织及个人的咨询，加大政策的普及力度。形成政策落实情况的督查机制，将政策的落实情况纳入单位年度考核与审计、巡视范围，督促高校、科研院所、国有企业等组织真正落实以增加知识价值为导向的相关分配政策。

（二）优化薪资结构设计，建立以绩效为导向的薪酬制度

在薪酬结构设计中，突出以“实际贡献”为导向的分配模式。在与市场经济联系紧密的行业尝试引入市场机制，采用适应市场竞争环境的激励性薪酬，以此推进并逐步打破现行的以“平均主义”为主的工资制度；盘活科研事业单位工资总额，使科技工作者薪资结构能够根据不同岗位职责呈现多元化态势，以此提高科技工作者的工作积极性。建立健全科学的考核评估体系，根据不同部门不同岗位职能制定相应的薪酬考核指标体系，并将考核结果与科技工作者的薪资水平直接挂钩，打破科技工作者薪资“大锅饭”现象。

（三）完善薪资增长机制，让科技工作者同步分享发展成果

加大国家财政支持力度，建立健全科技工作者工资增长机制，实现科技工作者整体工资增长水平与国民经济保持同步。在保证基本薪资待遇的基础上，建立健全纵向与横向相结合的薪资增长机制。在职称评审等纵向等级考核的基础上，根据不同岗位职能，建立横向工资增长制度。增加工作业绩、承担项目等激励因素的影响力，增加知识、管理、劳动、技术等要素在分配中的作用。将横向工资的上升与薪酬考核指标体系量化结果相结合，让“想干事的有机会，能干事的有平台，干成事的有实惠”。

（四）完善科研项目资金管理，落实以知识价值为导向的分配政策

对于实行公开竞争方式的科研项目，在国家政策框架内建立健全符合新型科研机构特点的劳务费、间接经费管理方式，结合科研人员工作实绩，合理安排间接经费绩效支出。对于接受企业、其他社会组织委托的横向委托项目，人员经费使用按照合同约定进行管理；技术开发、技术咨询、技术服务等活动的奖酬金提取，按照《中华人民共和国促进科技成果转化法》及《实施〈中华人民共和国促进科技成果转化法〉若干规定》执行。

（五）打破薪酬分配的“天花板”效应，扩大机构自主权

依据国企事业单位的工作总量、业绩及市场、物价等因素，建立工资总额的动态调整机制，将工资总额调整常态化，打破绩效工资和工资总额之间的矛盾，提高科技工作者的整体收入水平。坚持市场调节和政府调控，进一步扩大单位内部分配的自主权，允许将一定比例的单位收益留存，用于提高单位内部的激励力度、对科技成果转化完成人和团队奖励、对高层次人才和拔尖人才引进以及一些流动岗位的工资支出。从政策上提高内部分配的灵活度，充分调动科技工作者创新的积极性。

第二篇 数据分析

为了解科技工作者的薪酬水平、薪酬结构、存在问题以及影响因素，本书对第四次全国科技工作者状况调查收集的48099份问卷进行了分析，此份调查问卷主要从总体情况、单位情况、对单位薪酬制度的评价、影响因素以及薪酬对科技工作者生活工作的影响等方面来呈现科技工作者的薪酬状况。

本次调查的科技工作者对象涵盖东、中、西部，其中东区地区占51.8%，中部占25.0%，西部占23.2%；男性占54.2%，女性占45.8%；30岁以下的占24.0%，30~39岁的占46.2%，40~49岁的占21.6%，50岁以上的占8.2%，平均年龄为35.9岁；学历以本科为主，占50.0%，硕士研究生占24.0%，博士研究生占13.8%，大专占12.2%；19.4%的科技工作者无职称，20.8%为初级职称，36.4%为中级职称，18.8%为副高级职称，4.7%为正高级职称；无行政职务占67.8%，一般管理人员占20.7%，中层管理人员占10.3%，高层管理人员占1.2%；工作年限在5年及以下的占28.7%，11~20年的占27.0%，6~10年的占24.0%，21年及以上的占20.3%，平均工龄为12.2年；16.8%所在单位为科研院所，17.6%为高校，8.7%为中学中专，18.2%为卫生机构，5.5%为技术推广组织，大型企业和中小企业的科技工作者分别占19.4%和13.9%。

一、总体情况

（一）科技工作者收入较 2013 年有所增长

调查结果显示，2016 年科技工作者全年总收入平均为 90985.50 元，比 2013 年增加了 16848.5 元，增幅为 22.7%。从收入构成来看，从单位获得的收入全年约为 75897.62 元，其他方面收入（如稿费、劳务费、兼职收入等）一年总计为 22122.89 元，结构比例为 3.4∶1。

（二）东、中、西部地区科技工作者收入差距较大

调查结果显示，东部地区科技工作者 2016 年收入约为 100763.03 元，是中部地区（80299.94 元）和西部地区（79939.04 元）科技工作者的 1.3 倍。从工资收入来看，东部地区的科技工作者每年从单位获得的工资收入为 83464.09 元，中部地区为 66341.55 元，西部地区为 68687.44 元，东部地区科技工作者的工资收入为中部地区的 1.3 倍，西部的 1.2 倍，见图 2－1。

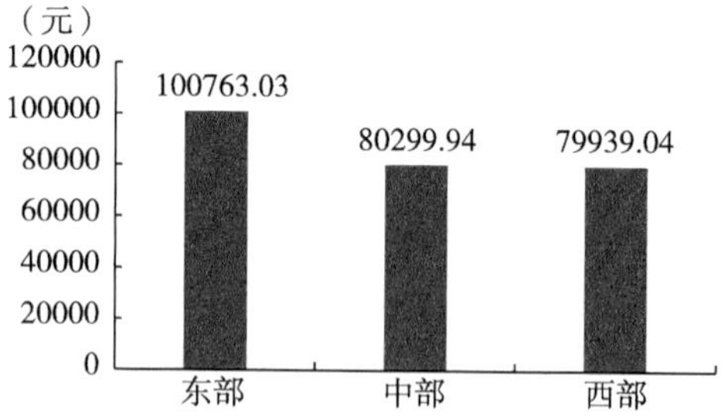

图 2－1　各区域科技工作者 2016 年收入情况

（三）超过半数科技工作者认为个人收入水平处于当地中下层或下层

调查结果显示，52.4%的科技工作者认为个人的收入水平在当地属于中下层或下层，认为在上层或中上层的仅占6.8%，三成（32.0%）认为处于中层，见图2－2。从单位类型来看，高校科技工作者处于中下层或下层的比例相对较低。40.1%的高校科技工作者认为个人收入水平在当地属于中下层或下层，低于其他单位类型的科技工作者，有10.2%的高校科技工作者认为个人收入在当地处于上层或中上层，见图2－3。2016年高校科技工作者平均年收入为108728.66元，高于其他类型单位；科研院所次之，年平均收入为94790.01元。企业科技工作者认为个人收入水平在当地属于中下层或下层的比例较高，比例近六成（大型企业为59.8%，中小企业为58.1%）；大型企业科技工作者年平均收入为90097.88元，中小企业为83575.88元，技术推广组织科技工作者年平均总收入最低，为74408.62元，见图2－4。

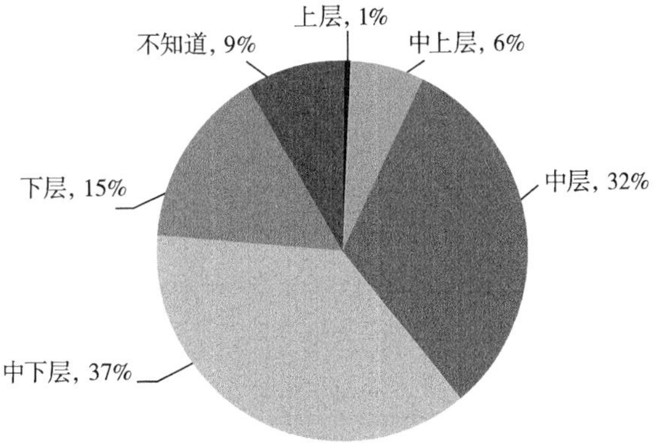

图2－2　科技工作者对收入水平的自我评价

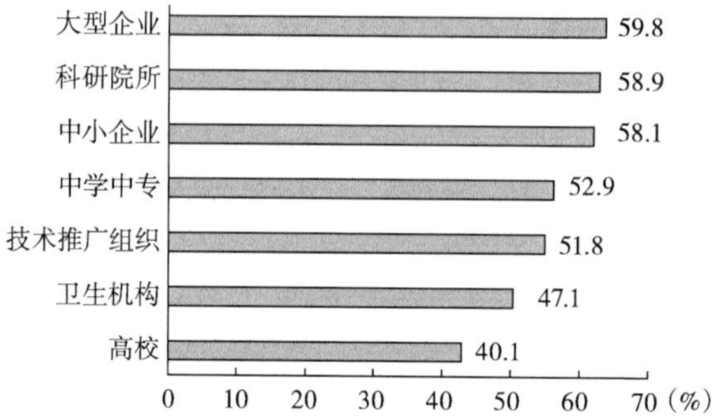

图 2－3　科技工作者认为收入在当地处于下层或中下层的比例

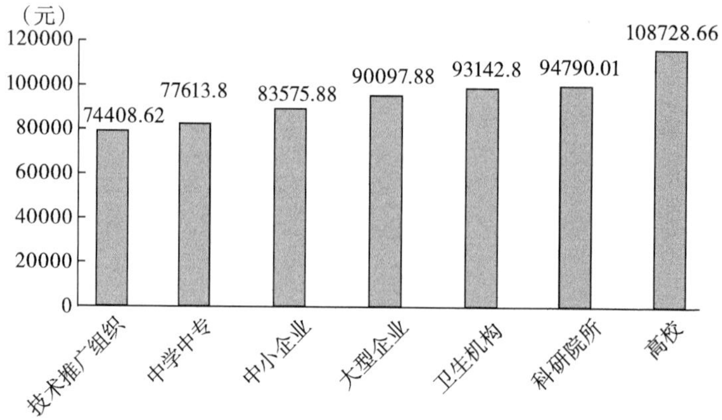

图 2－4　2016 年科技工作者总收入情况

（四）不到三成科技工作者对目前收入满意，但满意度提升

近三成（29.6%）科技工作者表示对收入满意，在工作各方面评价中满意度最低。近三成（29.6%）科技工作者对收入表示满意，与 2008 年第二次全国科技工作者状况调查（20.9%）以及 2013 年第三次全国科技工作者状况调查（24.2%）相比有所提升，这表明科技工作者对收入的满意度有所提升，见图 2－5。

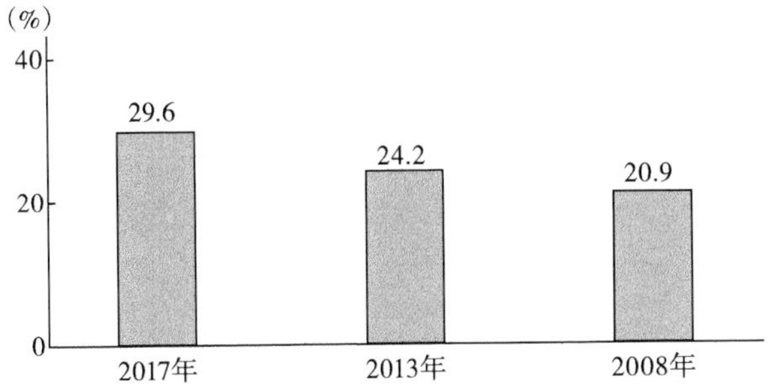

图2－5　对收入满意的科技工作者比例

从区域分布来看，西部科技工作者（30.1%）对收入的满意度最高，中部（29.7%）次之，东部（29.2%）最低（见图2－6）。在各类型单位中，技术推广组织（34.1%）科技工作者对收入的满意度最高，高校（33.8%）和卫生机构（33.8%）科技工作者满意度较高，科研院所（25.2%）和大型企业（25.0%）最低，见图2－7。

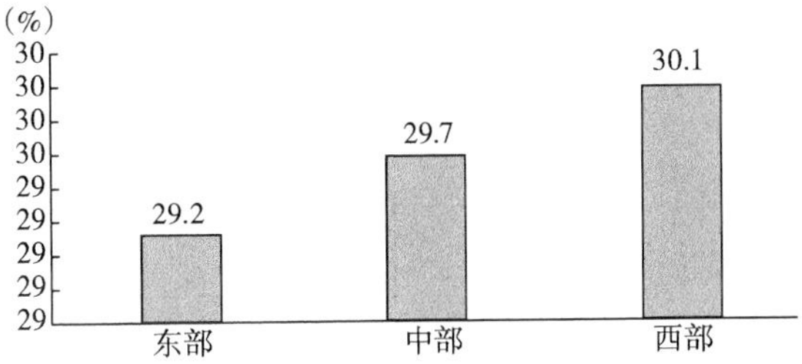

图2－6　科技工作者对收入的满意度

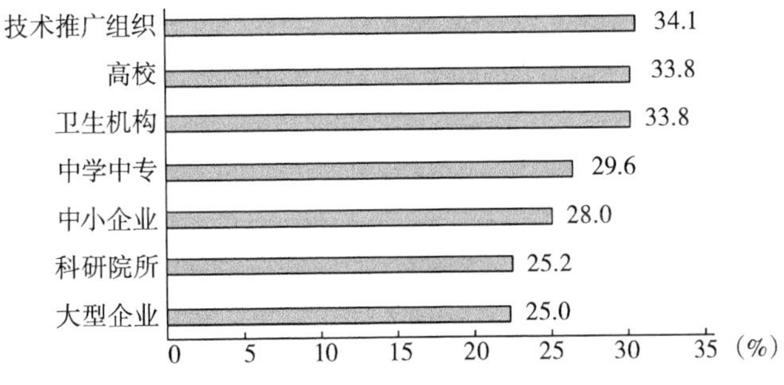

图2－7　科技工作者对收入的满意度

二、收入低对科技工作者的影响

（一）收入待遇低是科技工作者流动的主要原因

44.6%的科技工作者更换工作的原因是收入待遇低，远超过工作压力（26.8%）等，成为科技工作者流动的首要原因，见图2－8。收入越低，流动意愿越强。认为个人收入在当地处于上层的科技工作者中19.4%有意愿更换职业或工作单位，比例最低；认为个人收入在当地处于下层的科技工作者中，超过半数（50.9%）想要更换职业或单位，比例最高，见图2－9。

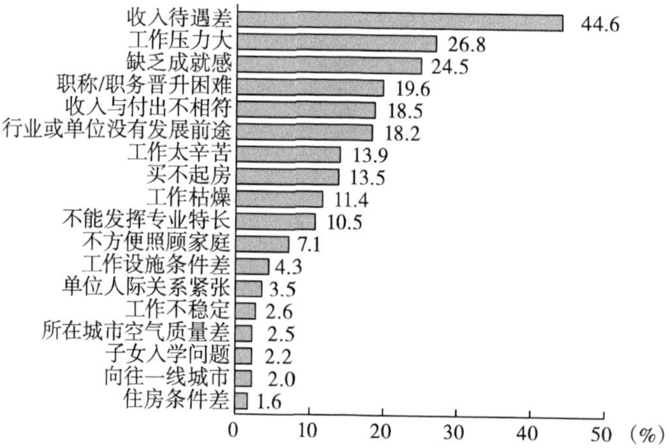

图2－8　科技工作者考虑更换单位或职业的原因

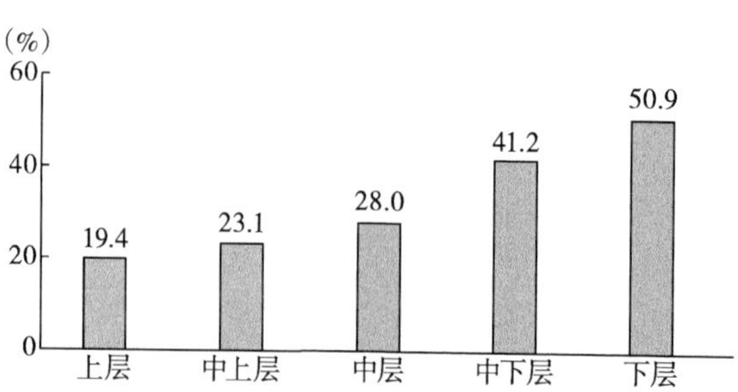

图2－9　各收入等级科技工作者考虑更换单位或职业的比例

（二）低收入影响科技工作者幸福感

调查结果显示，认为个人收入在当地处于上层的科技工作者中，82.4%认为目前生活幸福（包括“很幸福”和“比较幸福”）；认为个人收入在当地属于中上层的科技工作者中，74.9%表示目前生活幸福；收入处于中层者中认为生活幸福的约占六成（59.6%）；认为收入在当地属于中下层的仅占25.4%，比例最低，见图2－10。

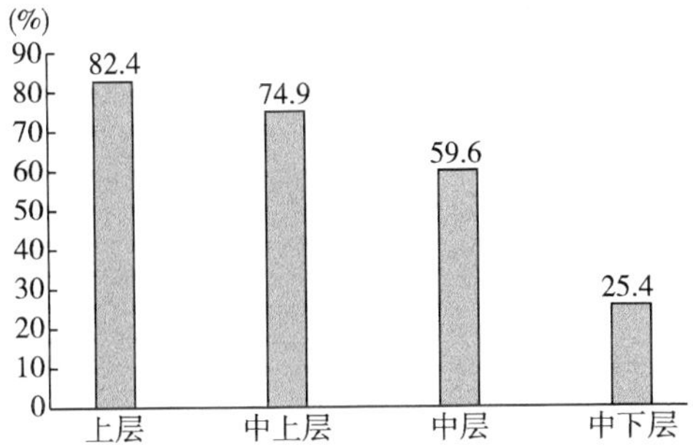

图2－10　各收入等级科技工作者感觉幸福者比例

（三）收入低影响科技工作者生活

调查结果显示，46.8%的科技工作者反映收入低是其面临的主要困难，比例在各选项中最高，远高于工作忙不能照顾家庭选项（31.9%），见图2－11。35岁以下青年科技工作者收入低问题较为突出。35岁以下青年科技工作者中超过半数（52.9%）反映收入低是其面临的主要困难，显著高于35～44岁（44.3%）和45岁及以上（34.6%）的科技工作者，见图2－12。

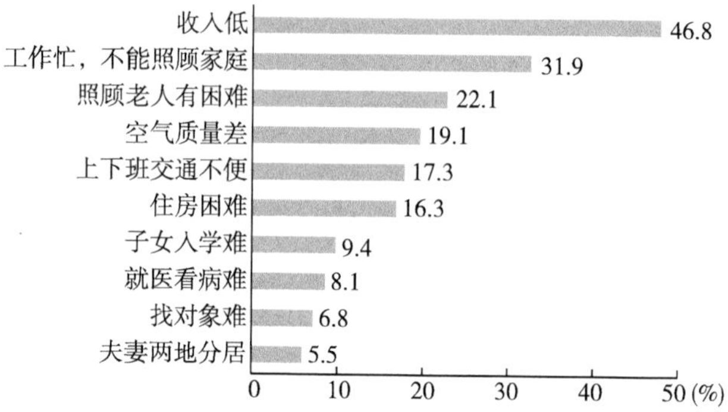

图 2－11　科技工作者的主要困难

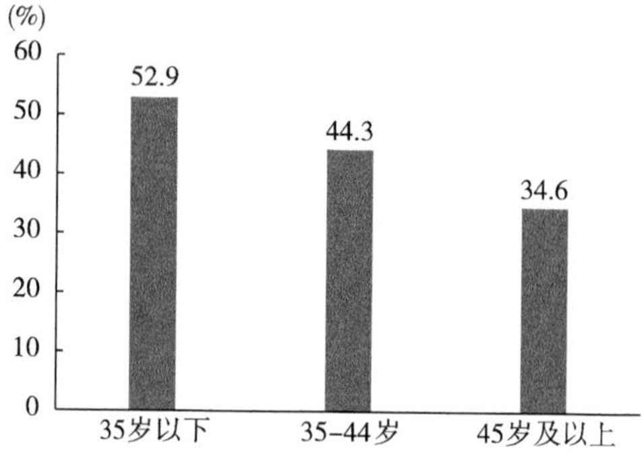

图 2－12　科技工作者反映收入低为生活主要困难者比例

从单位类型来看，科研院所和大型企业科技工作者反映最强烈。51.8%的科研院所和大型企业科技工作者反映收入低是目前生活的主要困难，中小企业科技工作者中反映收入低为其生活主要困难的比例为49.0%，高校科技工作者反映这一问题的比例相对较低，为40.5%，见图2－13。

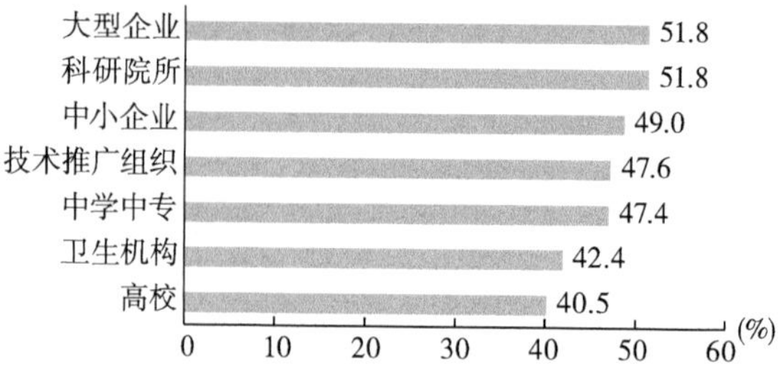

图 2－13　科技工作者反映收入低为生活主要困难者比例

三、单位情况

（一）科技工作者工资模式以固定工资制为主

调查结果显示，42.0% 的科技工作者反映其薪酬模式是固定工资制，27.6% 反映其工资模式是三元结构工资制（基本工资 + 岗位工资 + 绩效工资），21.2% 反映其薪酬模式是二元结构工资制，见图 2 – 14。从单位类型来看，事业单位（44.9%）和非公企业单位（39.8%）科技工作者实行固定工资制的比例高于公有企业（35.5%），见图 2 – 15。

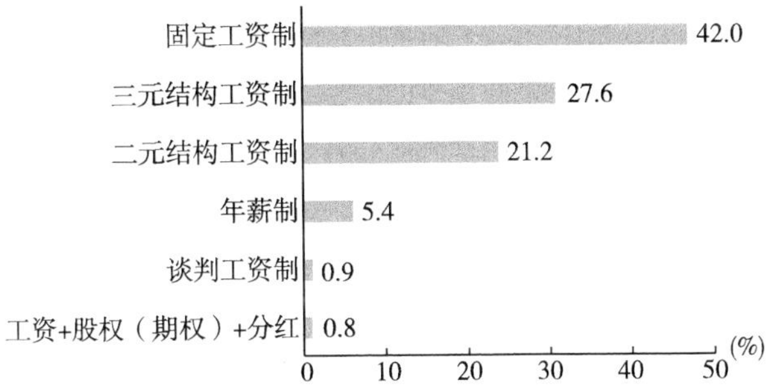

图 2 – 14　科技工作者薪酬模式

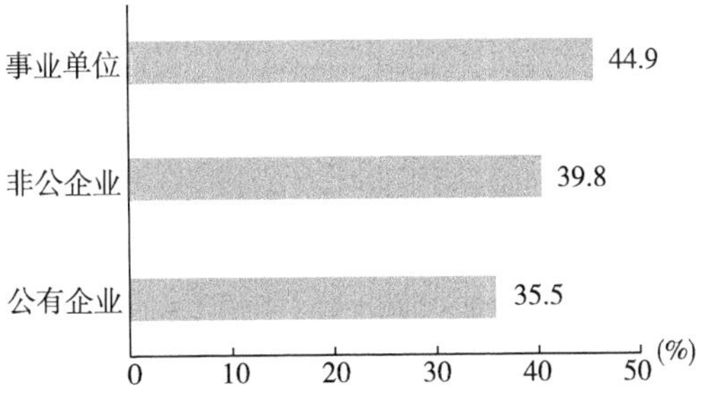

图 2 – 15　科技工作者固定工资制的比例

从单位类型来看，科研院所、高校和卫生机构以固定工资制（分别为 42.0%、41.3%、35.0%）、三元结构工资制（分别为 35.6%、34.3%、30.3%）、二元结构工资制（分别为 16.5%、16.2%、

29.4%）为主，中学中专和技术推广组织分别有超过半数（54.6%）和六成（60.5%）的科技工作者反映其薪酬模式为固定工资制，其次是二元结构工资制（20.9%、12.9%）和三元结构工资制（20.3%、19.9%）；大型企业和中小企业薪资模式以固定工资制（34.1%、42.1%）、三元结构工资制（26.8%、19.3%）和二元结构工资制（26.4%、22.4%）为主，见图2－16。

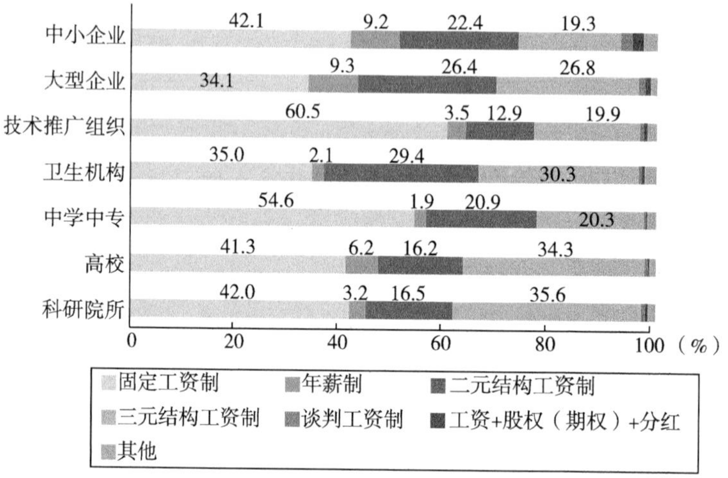

图2－16　科技工作者的薪酬模式

（二）科研人员和高校教师兼职兼薪比例较低

《关于实行以知识价值为导向的分配政策的若干意见》允许科研人员从事兼职工作获得合法收入，允许高校教师从事多点教学获得合法收入。30.9%的科研院所科技工作者反映其所在单位允许科研人员从事兼职工作获得合法收入，但科学研究人员中仅有4.4%有其他收入的兼职工作；41.5%的高校科技工作者反映其所在单位允许教师从事多点教学获得合法收入，但实际上不到一成（8.0%）的高校教师有兼职工作可获得其他收入，见图2－17。

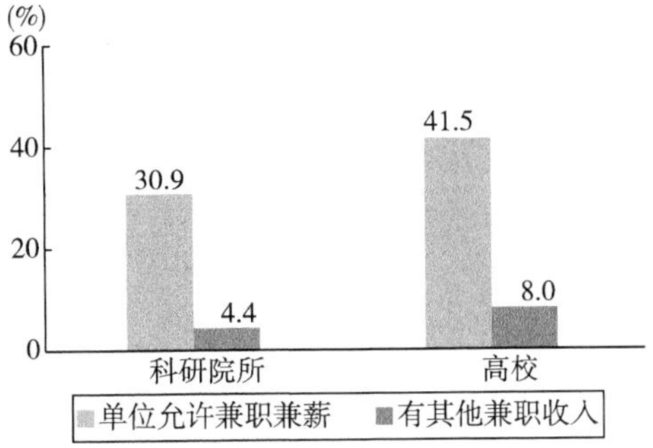

图 2-17 科技工作者兼职兼薪情况

（三）近六成科技工作者所在单位未实行股权激励或分红激励

57.1% 的科技工作者反映所在单位未实行股权激励或分红激励。此外，科技工作者中 24.5% 反映所在单位对项目负责人实行了股权或分红激励，对主要贡献人和高级管理人员实行股权激励的比例为 20.8% 和 20.5%；19.0% 的科技工作者反映单位对核心技术和工艺有重大创新的主要技术人员有股权激励，见图 2-18。

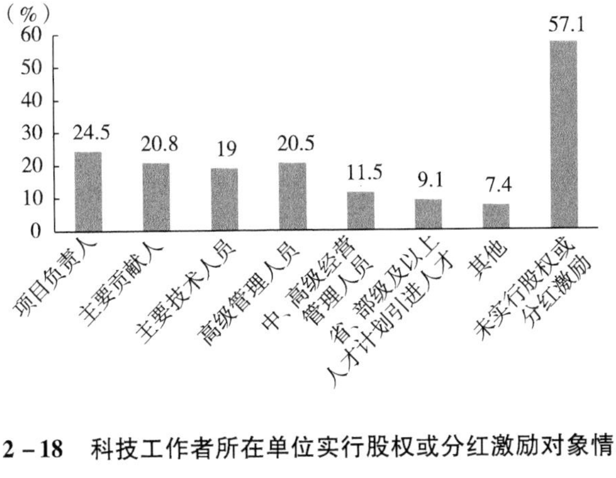

图 2-18 科技工作者所在单位实行股权或分红激励对象情况

从单位类型来看，企业实行股权或分红激励的比例较大。大型企业科技工作者超过五成（54.3%）反映单位实行了股权激励或分红激励，中小企业近六成（59.9%）科技工作者反映单位有股权或分红激励，高于其他类型单位，见图2－19。高级管理人员（大型企业36.5%，中小企业36.6%）和项目负责人（大型企业26.2%，中小企业28.5%）是企业股权或分红激励的主要对象，见图2－20。

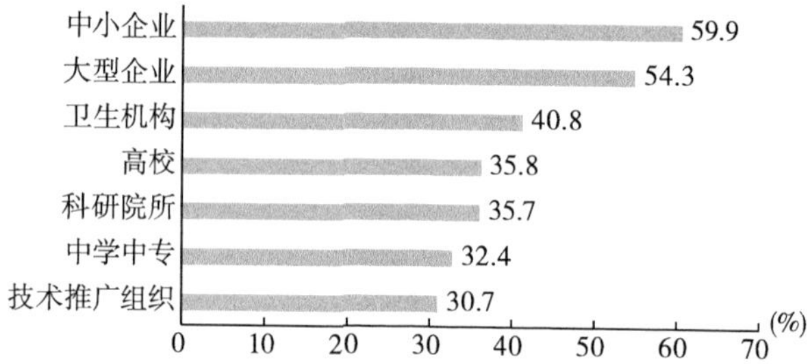

图2－19　实行了股权或分红激励科技工作者单位占比

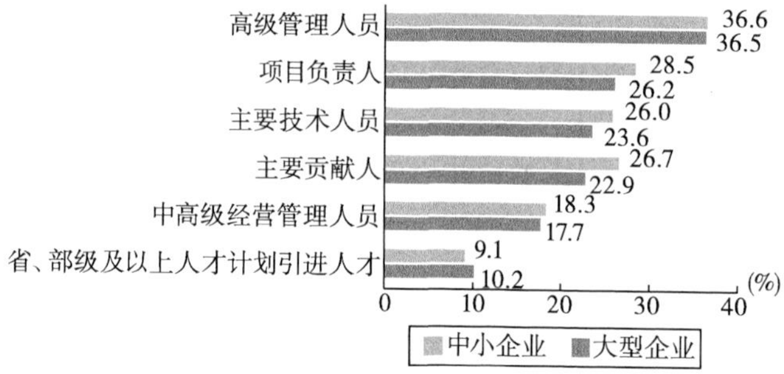

图2－20　企业科技工作者股权或分红激励的对象

（四）近四成科技工作者单位允许在财政科研项目经费中安排绩效激励支出

调查发现，39.0%的科技工作者反映所在单位允许在财政科研项目经费中安排绩效激励支出，另有43.3%说不清。从单位类型来看，45.9%的高校科技工作者所在单位允许在财政科研项目中安排绩效支出，比例高于其他单位，其次是卫生机构（41.0%），科研院所为36.3%，中学中专为36.1%，技术推广组织为34.9%，大型企业和中小企业分别为37.0%和39.0%，见图2－21。45.7%高校科技工作者反映单位允许在横向委托项目经费中提取人工费和奖酬金，科研院所科技工作者这一比例为33.1%，见图2－22。

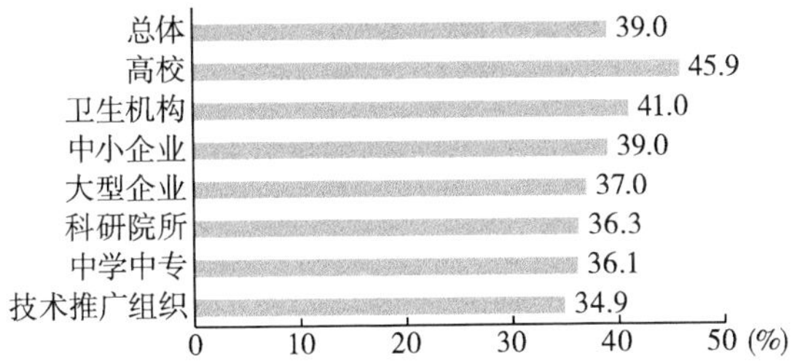

图2－21　科技工作者所在单位允许在财政科研项目经费中安排绩效激励支出情况

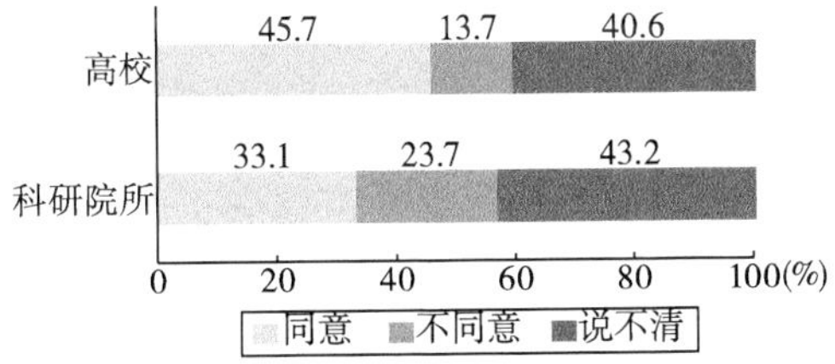

图2－22　科技工作者单位允许在横向委托项目经费中提取人工费和奖酬金情况

（五）高校在绩效考核和分配方面较科研院所有更高自主性

调查结果显示，42.5%的科研院所科技工作者同意“我单位能够自主决定绩效考核和绩效分配办法”，19.3%表示不同意，另38.2%表示说不清。高校科技工作者反映单位能够自主决定绩效考核和绩效分配办法的比例更高，为50.9%，见图2－23。

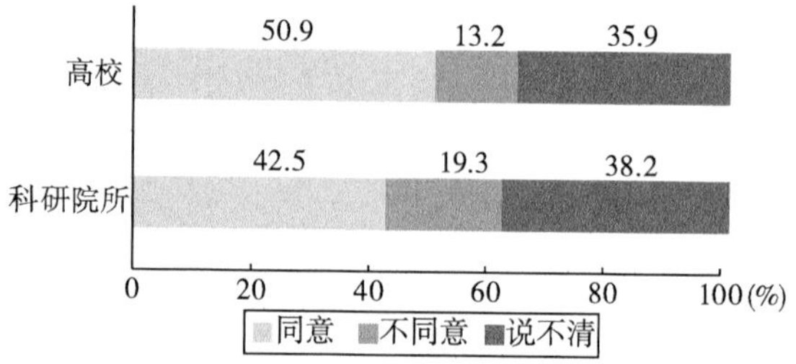

图 2－23　科技工作者所在单位能够自主决定绩效考核和绩效分配办法情况

四、对单位薪酬制度的评价

（一）三成科技工作者反映单位科研人员收入与其创造价值匹配

调查结果显示，33.8%的科技工作者认为所在单位科研人员收入与其创造的价值相匹配，40.5%表示说不清。从单位来看，科研院所30.1%的科技工作者认为所在单位科研人员收入与创造价值相匹配，高校这一比例为36.3%，高于除中小企业（36.9%）以外的其他类型单位，中学中专和卫生机构这一比例分别为32.0%和35.3%，技术推广组织和大型企业中分别有34.7%和31.9%科技工作者反映科研人员薪酬与创造价值匹配，见图2－24。

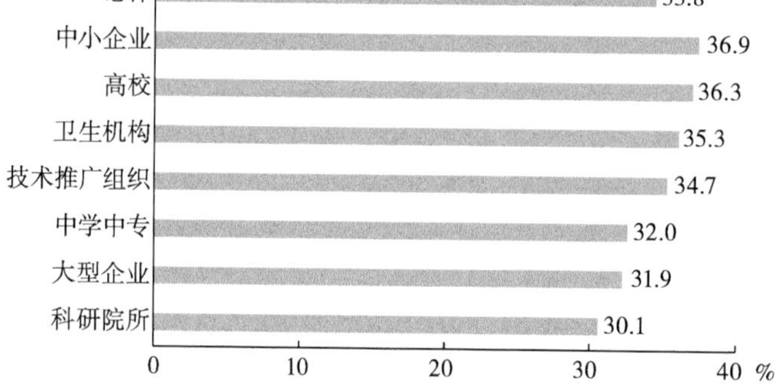

图 2－24　认为所在单位科研人员收入与其创造的价值相匹配科技工作者比例

（二）超过半数科技工作者反映单位薪酬制度对个人成长发展有促进和激励作用

调查结果显示，56.4%的科技工作者反映所在单位的薪酬制度对个人成长发展起到了促进和激励作用，5.7%反映起阻碍作用，18.9%反映没有作用，19.0%表示说不清。从单位类型来看，科研院所科技工作者52.3%认为单位薪酬制度对个人成长发展起促进和激励作用，21.4%反映没有作用；高校科技工作者58.6%认为单位薪酬对个人成长发展起促进和激励作用，17.8%认为没有作用；中学中专科技工作者53.9%认为单位薪酬制度对个人起促进和激励作用，17.8%认为没有作用。卫生机构科技工作者58.5%反映单位薪酬制度对个人成长发展起促进作用，技术推广组织这一比例为57.8%，大型企业和中小企业分别有56.3%和58.6%的科技工作者反映单位薪酬制度对个人成长发展起促进和激励作用，见图2－25。

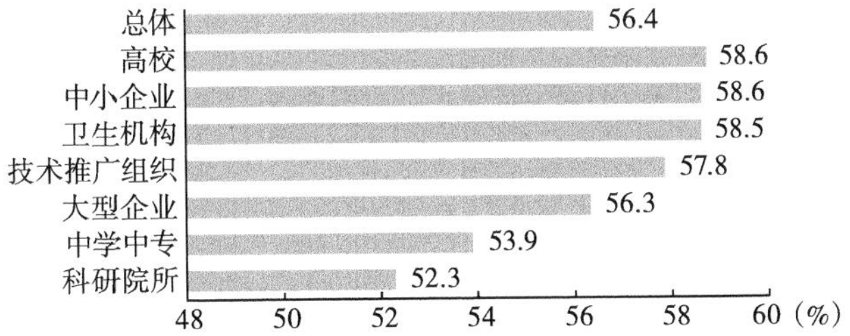

图2－25　反映单位薪酬制度对个人有促进和激励作用的科技工作者比例

（三）近三成科技工作者认为所在单位科技工作者薪酬水平在领域内没有竞争力

28.6%的科技工作者认为本单位科技工作者薪酬水平在领域内没有竞争力。东部地区（30.0%）反映没有竞争力的比例高于中部

（26.4%）和西部（28.1%）。42.0% 的科研院所科技工作者反映所在单位薪酬水平在领域内没有竞争力，高于其他类型单位，高校这一比例为 32.8%。从单位所有制来看，34.4% 的公有企业科技工作者反映薪酬没有竞争力，高于事业单位（29.5%）和非公企业（18.9%）。薪酬制度为年薪制的科技工作者中 46.2% 认为单位科技工作者薪酬水平在领域内很有竞争力或比较有竞争力，见图 2－26。

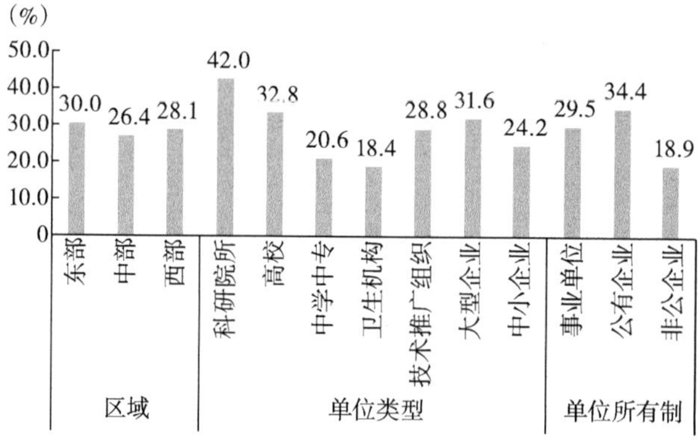

图 2－26　认为所在单位薪酬水平在本领域不具有竞争力的科技工作者比例

（四）四成科技工作者认为单位薪酬措施对激励科技工作者创新作用不明显甚至起反作用

39.1% 科技工作者认为单位薪酬措施对激励科技工作者创新作用不明显，15.7% 反映没有影响，3.2% 反映起反作用，见图 2－27。技术推广组织和科研院所科技工作者中 63.7% 和 63.5% 反映单位薪酬措施对激励创新作用不明显或没有影响甚至起反作用，比例最高；高校和卫生机构比例相对较低，分别为 52.0% 和 50.8%，见图 2－28。

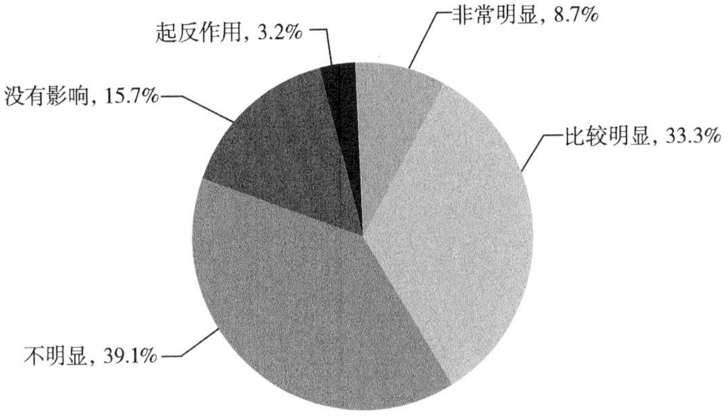

图 2-27　科技工作者所在单位薪酬措施对激励科技工作者创新作用情况

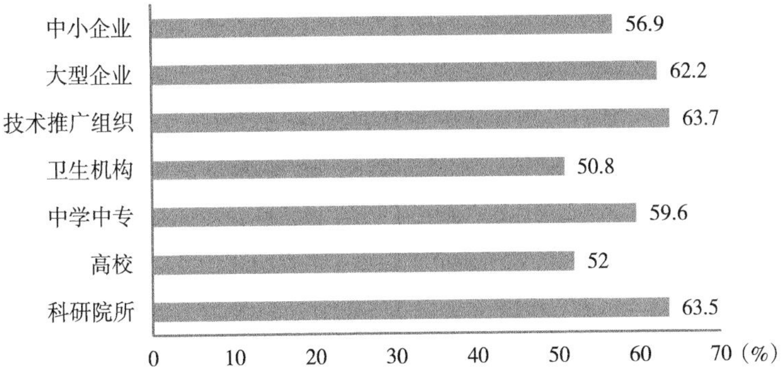

图 2-28　认为所在单位薪酬措施对激励科技工作者创新作用不明显及有反作用的科技工作者比例

（五）三成科技工作者反映所在单位科技工作者薪酬水平较同层级管理人员低

36.7%的科技工作者认为所在单位科技工作者薪酬水平与同级管理人员相比低很多或略低些，31.1%反映基本相当，反映略高或高很多的占一成，另21.8%表示不知道，见图2-29。在各类型单位中，过四成科研院所（42.6%）和大型企业（42.5%）的科技工作者反映薪酬水平较同等级管理人员低，比例相对较高。

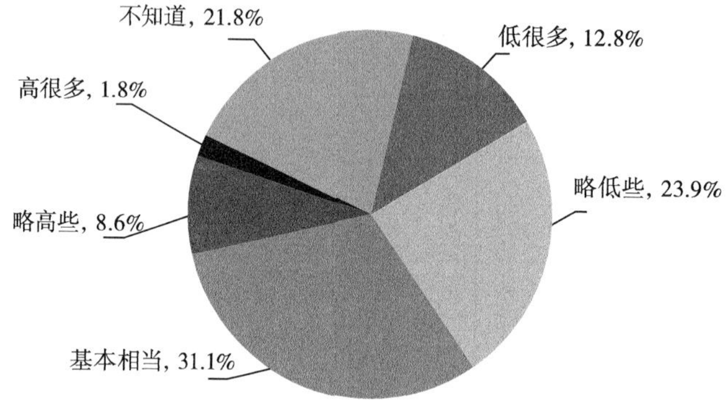

图 2-29 单位科技工作者薪酬水平与同层级管理人员相比情况

五、科技工作者薪酬影响因素

（一）多数科技工作者反映单位绩效考核内容以工作业绩为主

调查结果显示，82.7%的科技工作者反映所在单位绩效考核内容包括工作业绩，30.3%反映包括项目承担量，25.9%反映包括论文发表量，见图2-30。

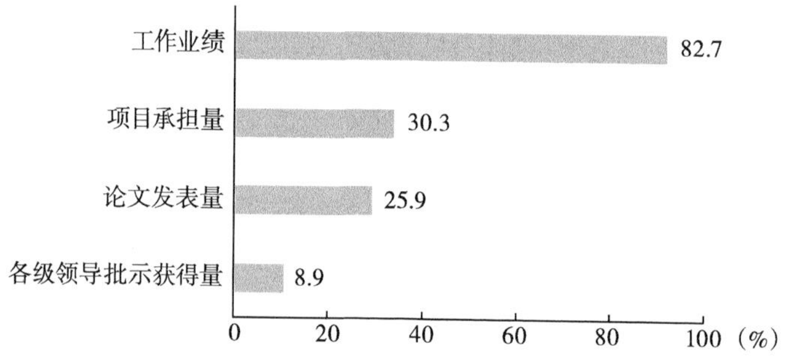

图 2-30 科技工作者所在单位绩效考核内容

从单位类型来看，近八成（79.8%）科研院所科技工作者反映单位绩效考核内容包括工作业绩，超过四成（44.3%）反映包括项目承担量，近四成（39.2%）反映论文发表量也是绩效考核内容。八成（81.9%）高校科技工作者反映考核内容包括工作业绩，超过六成（65.9%）反映包括论文发表量，近六成（58.9%）反映包括项目承担量。相比科研院所和高校，中学中专和卫生机构反映考核内容包括论文发表量（分别为16.4%，22.9%）和项目承担量（分别为12.3%，18.0%）的比例较低，以考核工作业绩（分别为88.8%，85.8%）为主。企业考核以工作业绩（大型企业85.0%，中小企业80.0%）为主，另有两成（大型企业25.5%，中小企业23.4%）反映需考核项目承担量，一成（大型企业11.7%，中小企业10.8%）反映需考核各级领导批示量，反映考核论文发表量的不超过一成（8.8%，6.4%），见图2－31。

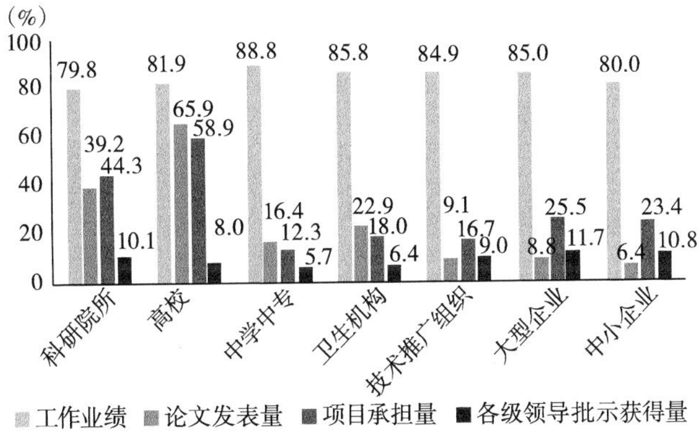

图2－31　科技工作者所在单位绩效考核内容

（二）职称、职务、工作年限和工作业绩是影响科技工作者薪酬的主要因素

超过半数（52.9%）科技工作者反映职称是影响薪酬的主要因素，

37.5%科技工作者反映工作年限是薪酬的主要因素，35.7%科技工作者反映工作业绩是主要影响因素，另有31.4%科技工作者反映职务影响薪酬，见图2-32。职称等级越高，反映职称是目前影响薪酬主要因素的比例越高。正高级和副高级职称科技工作者超过六成（分别为65.2%，65.3%）反映职称是薪酬的主要影响因素，中级职称这一比例为58.5%，初级和无职称的科技工作者分别为52.9%和27.5%，见图2-33。高层管理人员（39.4%）和中层管理人员（41.7%）反映职务影响薪酬的比例高于一般管理人员（37.9%）和无行政职务者（27.7%），见图2-34。

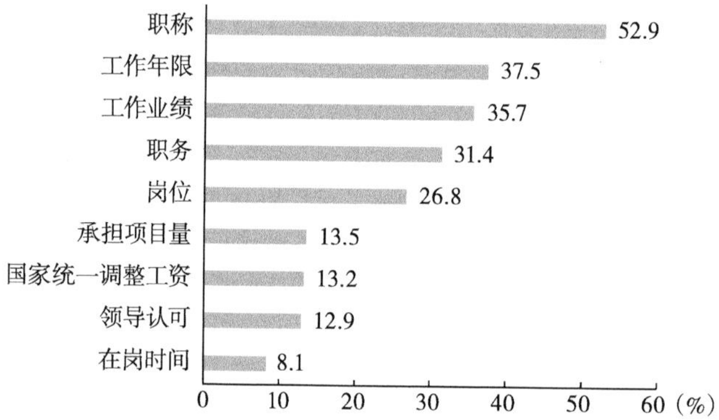

图2-32 科技工作者认为影响所在单位薪酬的因素

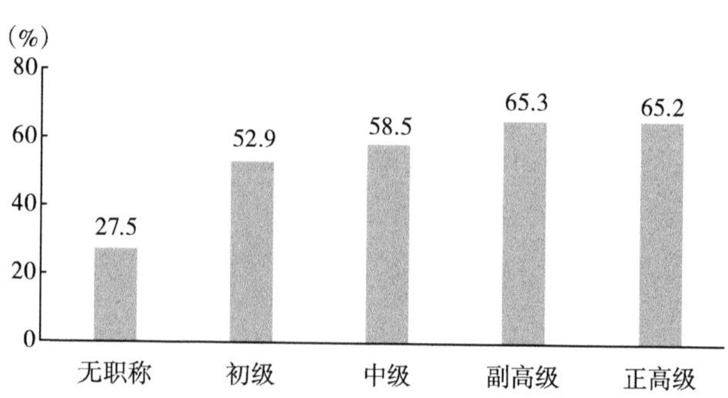

图2-33 认为所在单位职称影响薪酬的科技工作者比例

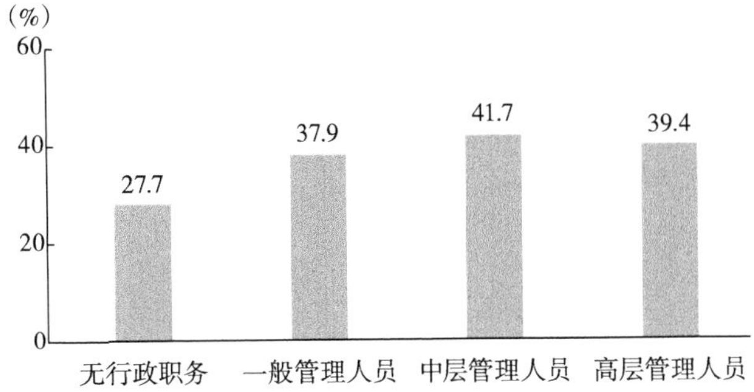

图 2－34　认为所在单位职务影响薪酬科的技工作者比例

（三）企业科技工作者薪酬主要受工作业绩影响，其他类型单位主要影响因素为职称

超六成（63.6%）科研院所科技工作者反映目前薪酬主要受职称影响，近四成（38.8%）反映主要受工作年限影响，过三成反映主要受工作业绩（31.9%）影响。七成（73.5%）高校科技工作者反映薪酬受职称影响，过四成（41.0%）反映主要受工作业绩影响，近三成（29.7%）反映主要受工作年限影响，反映承担项目量影响薪酬的占25.5%，见图 2－35。中学中专科技工作者反映薪酬主要受职称（73.6%）和工作年限（45.5%）影响，反映主要受工作业绩和职务影响的分别占25.4%和23.4%。对于卫生机构的科技工作者来说，职称（66.0%）同样是主要影响因素，其次是工作年限（46.5%）、职务（37.0%）和工作业绩（36.2%）。技术推广组织的科技工作者的薪酬主要是受职称（61.1%）、工作年限（51.1%）、职务（29.3%）影响，见图2－36。过四成大型企业科技工作者反映薪酬主要受工作业绩（42.5%）和职务（40.1%）影响，37.1%反映主要受岗位影响，32.7%反映主要受工作年限影响。中小企业科技工作者薪酬的主要影响

因素是工作业绩（43.5%），其次是职务（29.4%）、工作年限（28.8%）和岗位（28.6%），见图2-37。

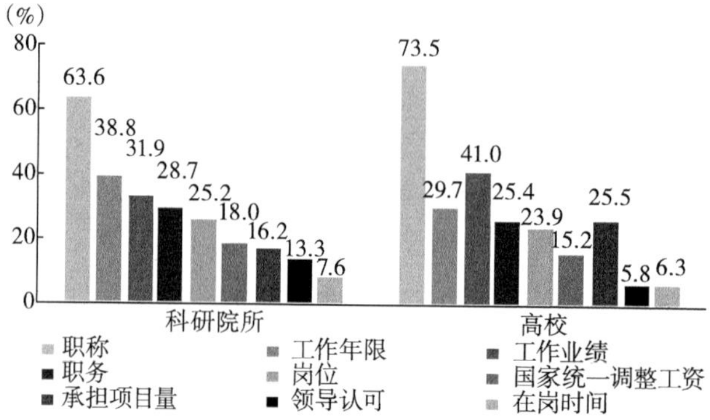

图2-35 科技工作者认为影响所在单位薪酬的因素（一）

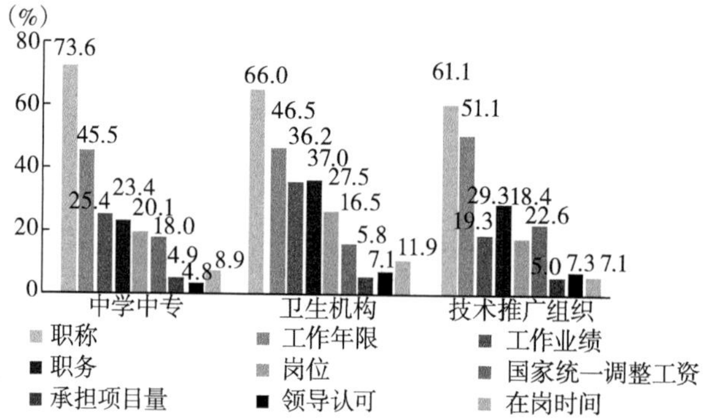

图2-36 科技工作者认为影响所在单位薪酬的因素（二）

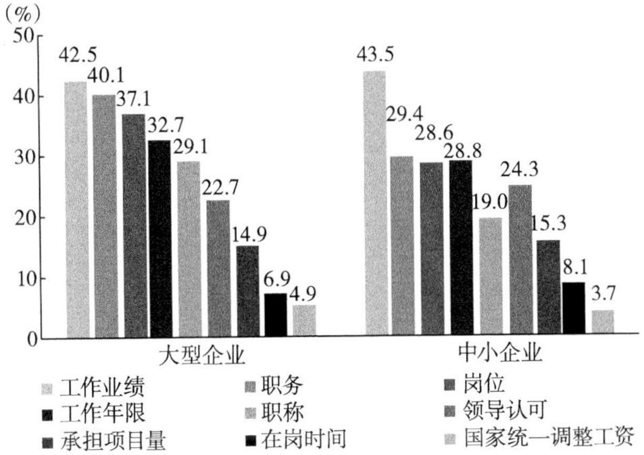

图 2－37　科技工作者认为影响所在单位薪酬的因素（三）

（四）七成科技工作者认为薪酬应由工作业绩确定

科技工作者认为薪酬应主要根据工作业绩（71.9%）、职称（40.9%）和承担项目量（37.2%）确定，见图 2－38。科研院所和高校科技工作者认为薪酬应由工作业绩（分别为 74.2%，77.7%）、职称（分别为 47.0%，51.0%）和项目承担量（分别为 39.9%，38.1%）确定，见图 2－39。卫生机构和技术推广组织科技工作者认为薪酬应主要由工作业绩（分别为 70.1%，65.2%）、职称（分别为 47.7%，51.3%）和工作年限（分别为 42.9%，46.6%）确定。中学中专科技工作者中 68.8% 认为薪酬应由工作业绩确定，45.1% 认为薪酬应由工作年限确定，认为薪酬应由职称确定的占 38.8%，见图 2－40。企业科技工作者认为薪酬应主要由工作业绩（大型企业 76.2%，中小企业 69.7%）和项目承担量（大型企业 43.1%，中小企业 37.3%）确定，见图 2－41。

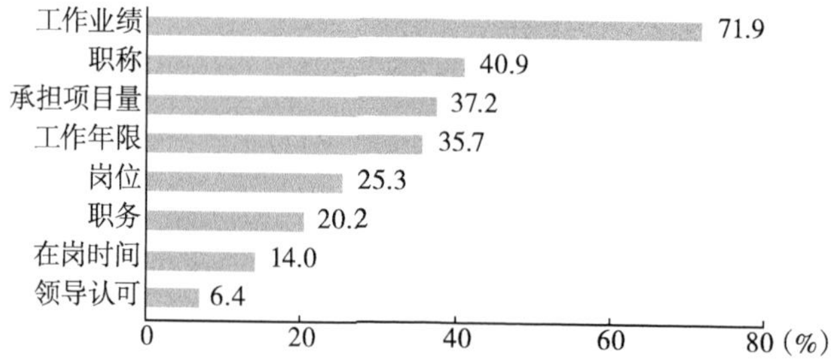

图 2－38　科技工作者认为的薪酬决定因素（一）

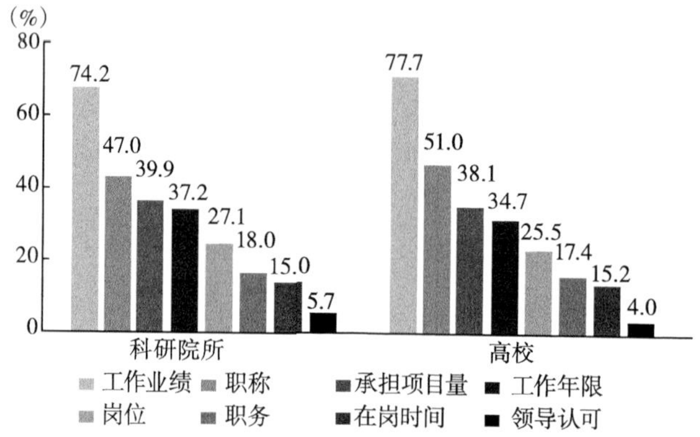

图 2－39　科技工作者认为的薪酬决定因素（二）

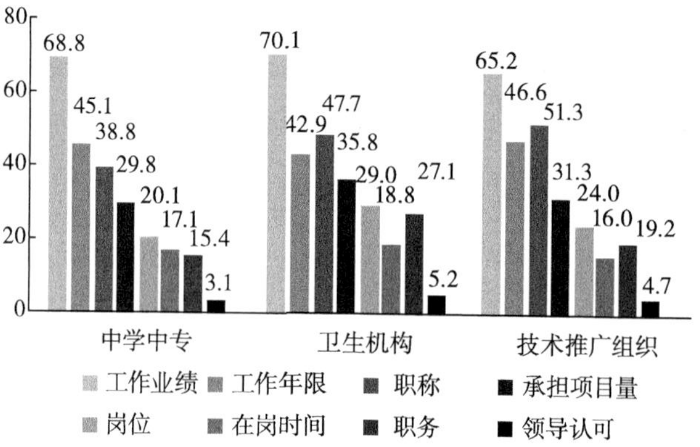

图 2－40　科技工作者认为的薪酬决定因素（三）

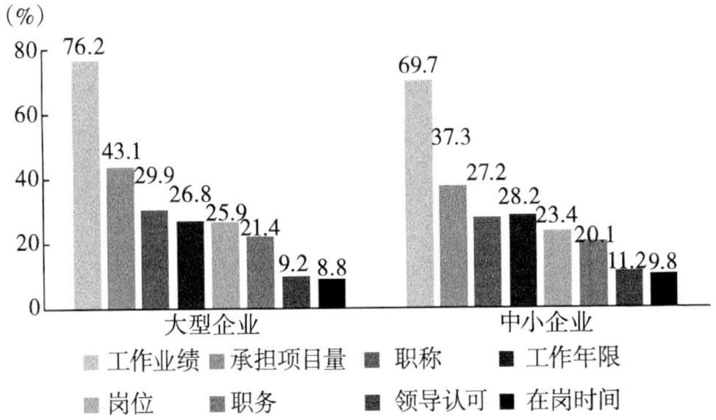

图 2－41 科技工作者认为的薪酬决定因素（四）

第三篇　政策解析

当前，随着全球新一轮科技和产业革命孕育兴起，世界发展格局发生深刻变革，以创新为核心的综合国力竞争之激烈前所未有。我国正处于建设创新型国家，实现中华民族伟大复兴第一个百年目标的关键时期。党的十九大报告明确提出，创新是引领发展的第一动力，是建设现代化经济体系的战略支撑。创新驱动实质上是人才驱动，人才强、科技强，才能带动产业强、经济强、国家强。大力培养和吸引科技人才、充分发挥科技人才的创造性已成为世界各国赢得国际竞争优势的战略性选择。但有关科技人才选拔使用、评价激励、流动与服务保障等体制机制仍存在诸多问题。本章重点就近年来我国科技人才薪酬激励的有关政策进行深入研究分析。

科技人才政策是国家规范科技人才行为、促进科技人才发展，提升科技人才驱动经济、科技、文化等发展的效能而采取的行为准则和制度措施，以及主要目标诉求。有些政策虽然不仅仅针对科技人才，但涉及科技人才，或者是适用于科技人才，主要包括法律法规、规划计划、措施、办法、方法、条例等。可见，科技人才政策包含的范围十分广泛，既包括针对人才引进、培养、激励的具体政策，也包括科技教育体制改革、自主创新发展战略、科技创新立法等涉及科技人才发展的各项公共政策，如股权激励、知识产权保护、鼓励科技创新、完善科技评估与转移机制、改善科研条件、鼓励民营科技企业发展等。自新中国成立以来，我国的科技人才政策在经济建设与社会发展过程中不断调整、创新与完善，已经建立起比较健全的支撑科技创新的制度体系和支持科技人才发展的政策体系。

为了激发科技人才的工作热情，发掘其创新潜力，调动他们的工作积极性和主动性，国家采取了一系列科技人才激励政策，满足科技人才在生活、工作、学习和个人发展方面的各种需求，以促进科技成果产出与经济发展。具体地，科技人才激励政策是指在满足科技人才物质、精神和发展等方面需要的相关政策内容。三个层面的激励内容分别为：物质激励（如工资制度改革、政府特殊津贴、股权激励等）、精神激励（如评选院士、全国杰出专业技术人才等）和发展激励（如体制改革、知识产权保护、鼓励科技创新、解决子女入学、家属安置等）。本章将在科技人才激励政策的内容安排、历史沿革以及其主要特征方面展开研究。

一、新中国成立以来薪酬激励政策的沿革

新中国成立 70 年来，工资制度在 1956 年、1985 年、1993 年、2006 年经历了四次较大范围的改革。从新中国成立初期的供给制和工资制两种制度并存，到全部实行工资制，历经从职务等级工资制到以职务工资为主要内容的结构工资制、职级工资制及岗位绩效工资制的发展转变，体现了我国对工资制度进行规范和调整的不断探索，并逐渐走向合理化。虽然改革过程中出现一些问题，但四次重大工资改革在贯彻按劳分配原则、克服平均主义、定期调整工资标准、建立合理工资机制等方面发挥了巨大作用。

按照四次工资制度改革的时间点，新中国成立以来的工资制度改革历程可以划分为以下五个阶段，如表 3－1 所示。

表 3-1　我国工资制度的改革历程

阶段	政策法规	工资制度名称	主要内容
1949-1955 年	-	以供给制为主，供给制与工资制并存	对不同机构的人员分别实行供给制与工资制度
1956-1984 年	1955 年 8 月，国务院发布《关于国家机关工作人员全部实行工资制和改行货币工资制的命令》	职务等级工资制	取消了工资分制度和物价津贴制度，实行货币工资制。 国家机关、企事业单位实行统一的等级工资制。 根据不同地区情况及物价水平划分 11 类工资区
1985-1992 年	1985 年 6 月，中共中央、国务院发布《关于国家机关和事业单位工作人员工资制度改革问题的通知》	结构工资制	将机关事业单位工资制度与企业分离，机关事业单位的等级工资制改为结构工资制。 逐步建立正常的晋级增资制度。 给予教师和护士职业人员加发工龄津贴
1993-2005 年	1993 年 11 月，中共中央、国务院发布《关于机关和事业单位工作人员工资制度改革问题的通知》	职级工资制	按照按劳分配原则，将机关和事业单位的工资制度分开，事业单位职业技术人员分为五大类行业，实行职员等级工资制。 事业单位的工资构成分为固定工资和活工资两部分。 建立正常增资机制。 建立地区津贴制度
2006 年至今	2006 年 6 月，《国务院关于改革公务员工资制度的通知》（国发〔2006〕22 号）、《事业单位工作人员收入分配制度改革方案》（国人部发〔2006〕56 号）	职级工资制岗位绩效工资制	事业单位实行岗位绩效工资制度，由岗位工资、薪级工资、绩效工资和津贴补贴四部分组成。 实施地区附加津贴制度，完善艰苦边远地区津贴制度和岗位津贴制度。 进一步完善工资的正常增长制度。 逐步建立起分级分类的工资管理体制

新中国成立初期，国家面临较大的经济困难，各地区薪酬制度复杂混乱。1950 年 8 月，召开的全国工资准备会议，根据当时的现实状况，中央对政府机关和事业单位采取了供给制和工分制两种薪酬制度。对于

新中国成立后在部队、党政机关、人民团体和学校中工作的原享受供给制的人员，继续实行供给制。对于原在国民党政权机关及所属各单位工作、新中国成立以后继续留用的人员，基本上沿用旧社会遗留下来的工资制度，实行原职原薪。对于新中国成立以后参加工作的人员，除自愿享受供给制外，大部分实行薪金制，按规定发给工资，一般以小米为计算单位。

1956 年，我国进行了第一次全国性工资改革。随着经济的恢复和发展，劳动生产率有了较大提高，国家财政状况趋于好转，改善人民生活提到了重要的议事日程。机关、事业单位和企业开始实行统一的等级工资制。这次工资制度改革的特点是高度集权，工资制度、工资标准和工资调整全国统一，由级别决定工资水平，无正常的增长机制。此次工资制度改革成绩明显，使全国职工的工资制度趋向统一、合理，比较好地体现了按劳分配原则，改变了当时职工工资收入水平与劳动生产率增长不适应的状况，职工生活得到明显改善。这是一次具有划时代意义的工资改革，奠定了我国工资制度的基础。但与此同时，等级工资制的长期实行也带来了一些弊端，干部的正常晋级与增资调整缺乏，职工干多干少一个样，干好干坏一个样，职工的积极性无法被调动，对社会的贡献无法体现。

1985 年，我国进行了第二次工资制度改革。随着改革开放逐步发展，经济生活中已经出现多种经济成分，单一的计划经济体制“坚冰”被打破，等级工资制改成了结构工资制，工资构成成分为基础工资、职务工资、工龄津贴和奖励工资四个部分。通过职务工资的设置，使工作人员的工资与职务、责任和劳绩相联系，解决了 1956 年等级工资制“职级不符、劳酬脱节”的矛盾。正常的晋级增资制度初步建立，这在当时是体现社会主义按劳分配原则的重大进步。分配制度上，首次体现了政企分开、事企分开原则，反映了政治经济体制改革的深化，适应了社会主义经济快速发展的需要。1985 年的工资制度改革对于理顺我国改革开放初期的经济关系，促进国民经济健康发展具有重要意义。但是，此次改革缺乏相应的配套措施，与我国经济体制和干部人事制度的改革步调不完全一致，导致结构工资制在运行中产生了一些矛盾。

1993 年，我国进行了第三次工资制度改革。1992 年邓小平南方谈话为我国进一步扩大改革开放吹起一股强劲春风。事业单位开始实行职务级别工资制，基本工资由基础工资、级别工资、工龄工资和职务工资四部分构成。事业单位职业技术人员分为五大类，实行不同类型的工资制度。工资不仅包含固定部分，而且新增了体现工作人员实际工作量的活工资部分。建立了正常的增资制度、工资动态调整机制以及地区津贴制度。此次改革逐步扩大了事业单位内部分配的自主权，逐步形成了以岗位、绩效为主要内容，形式多样、自主灵活的多样化分配办法。在职级工资制实行的 13 年中，事业单位工资收入分配制度中的一些矛盾和问题逐渐凸显。工资分类管理办法缺乏合理性，工资与职称关联过紧，不能有效地体现岗位和绩效因素，搞活内部分配缺乏规范的指导，工资外收入分配秩序混乱。

2006 年，我国进行了第四次工资制度改革。进入 21 世纪以来，随着市场经济的深入发展，我国取得了举世瞩目的成就，但收入差距问题逐渐明显，民生问题与公平问题成为社会关注热点。为充分调动广大干部职工的积极性、主动性和创造性，2006 年我国再次实行了全国性工资制度改革，事业单位开始实行岗位绩效工资制度。岗位绩效工资由岗位工资、薪级工资、绩效工资和津贴补贴四部分组成。绩效工资是事业单位收入分配中活的部分，主要体现业绩和贡献；国家进行绩效工资总量调控，事业单位在核定的绩效工资总量内享有分配自主权。绩效薪酬体现了市场导向、技能与价值导向，在一定程度上拉开了“制度内合理的收入差距”，调动了广大专业技术人员的工作积极性，进一步理顺了收入分配关系。同时，此次改革还实施了地区附加津贴制度，完善艰苦边远地区津贴制度和岗位津贴制度，进一步完善工资的正常增长制度，逐步建立起分级分类的工资管理体制。第四次工资制度改革实行过程中，各级单位逐步细化绩效工资实施管理办法，开拓创新，不断完善，刺激与调动了科技工作者等工作人员的积极性与创造性，改革成效明显。同时，我们也应看到不合理的工资收入差距仍然存在，绩效工资实施管理仍需进一步规范化和科学化，对事业单位紧缺的人才难以根据劳动力市场行情做出灵活反应，无法适应人才激烈竞争的需要。事业单位分类改革、人事制度改革等配套制度需要进一步完善。

总体来看，1956 年、1985 年、1993 年、2006 年四次工资制度改革从未脱离我国的政治经济大环境而单独存在，而是与我国的政治经济体制改革历程紧密相连。各个阶段不同的工资制度不同程度地适应了当时我国经济社会的发展状况，取得了显著成绩。当前，随着我国经济社会的高速发展、社会主义市场经济体制的不断完善，工资制度应持续细化、完善，使之更加符合我国国情，更加科学规范。

二、2006—2018 年事业单位薪酬激励政策分析

2006 年以来，以建立与完善岗位绩效工资制为核心内容的工资制度改革至今已有 13 年之久。在此期间，涉及事业单位薪酬激励各方面的政策体系不断丰富、发展、调整与完善。本书选取了 2006 - 2018 年事业单位薪酬激励的有关政策文件，并对其展开深入分析与解读。

为了能够准确获取研究所需的政策文本，我们从中央政府及相关部

门官方网站、学术文献搜索引擎（北大法宝数据库）等多渠道收集研究所需的政策文本。我们使用“收入分配”“工资制度”等关键词进行全文搜索，将年限设定为2006年以后（含2006年），再通过全文阅读检验政策文本与本研究目的的契合性，最终选取目标政策文件共28份。针对28份目标政策文件，借鉴刘忠艳（2018）的政策工具分析方法对文本展开内容分析，进行独立文本编码和多次小组讨论，最终将与事业单位薪酬激励有关的文本内容提炼为五大核心维度：工资制度改革、人才分类评价与考核、人才吸引的激励政策、科技成果转化收益以及管理人员的激励约束。

第一，政策文件统计分析。28份政策文件的汇总情况如表3－2所示。

表3－2　2006年以来我国事业单位薪酬激励政策文件

文件编号	时间	发文机构	文件名称
1	2006年	国务院	《关于印发实施〈国家中长期科学与技术发展规划纲要（2006－2020年）〉若干配套政策的通知》（国发〔2006〕6号）
2	2006年	人事部、财政部	《事业单位工作人员收入分配制度改革方案》（国人部发〔2006〕56号）
3	2006年	人事部、财政部	《事业单位工作人员收入分配制度改革实施办法》（国人部发〔2006〕59号）
4	2006年	人事部、财政部、科学技术部	《科学研究事业单位贯彻〈事业单位工作人员收入分配制度改革方案〉的实施意见》（国人部发〔2006〕100号）
5	2006年	人事部、财务部、教育部	《高等学校、中小学、中等职业学校贯彻〈事业单位工作人员收入分配制度改革方案〉的实施意见》（国人部发〔2006〕113号）
6	2007年	人事部、教育部等十六部门	《关于建立海外高层次留学人才回国工作绿色通道的意见》（国人部发〔2007〕26号）

续表

文件编号	时间	发文机构	文件名称
7	2010 年	中共中央、国务院	《国家中长期人才发展规划纲要（2010－2020 年）》（中发〔2010〕6 号）
8	2011 年	中共中央、国务院	《关于分类推进事业单位改革的指导意见》（中发〔2011〕5 号）
9	2011 年	国务院办公厅	《关于深化事业单位工作人员收入分配制度改革的意见》（国办发〔2011〕37 号）
10	2011 年	科学技术部、人力资源和社会保障部等七部门	《国家中长期科技人才发展规划（2010－2020 年）》（国科发政〔2011〕353 号）
11	2012 年	中共中央、国务院	《关于深化科技体制改革加快国家创新体系建设的意见》（中发〔2012〕6 号）
12	2013 年	国务院	《国务院批转发展改革委等部门关于深化收入分配制度改革若干意见的通知》（国发〔2013〕6 号）
13	2014 年	国务院	《事业单位人事管理条例》（国务院令第 652 号）
14	2014 年	国务院	《关于改进加强中央财政科研项目和资金管理的若干意见》（国发〔2014〕11 号）
15	2015 年	中共中央、国务院	《关于深化体制机制改革加快实施创新驱动发展战略的若干意见》（中发〔2015〕8 号）
16	2015 年	中共中央办公厅、国务院办公厅	《深化科技体制改革实施方案》（中办发〔2015〕46 号）
17	2015 年	国务院	《关于大力推进大众创业万众创新若干政策措施的意见》（国发〔2015〕32 号）
18	2016 年	全国人民代表大会	《中华人民共和国国民经济和社会发展第十三个五年规划纲要》
19	2016 年	国务院	《国务院关于印发“十三五”国家战略性新兴产业发展规划的通知》（国发〔2016〕67 号）
20	2016 年	国务院	《国务院关于激发重点群体活力带动城乡居民增收的实施意见》（国发〔2016〕56 号）
21	2016 年	国务院	《国务院关于印发“十三五”国家科技创新规划的通知》（国发〔2016〕43 号）

续表

文件编号	时间	发文机构	文件名称
22	2016 年	国务院	《国务院关于印发上海系统推进全面创新改革试验加快建设具有全球影响力科技创新中心方案的通知》（国发〔2016〕23 号）
23	2016 年	国务院	《国务院关于印发实施〈中华人民共和国促进科技成果转化法〉若干规定的通知》（国发〔2016〕16 号）
24	2016 年	国务院	《国务院批转国家发展改革委关于 2016 年深化经济体制改革重点工作意见的通知》（国发〔2016〕21 号）
25	2016 年	中共中央办公厅、国务院办公厅	《关于实行以增加知识价值为导向分配政策的若干意见》（中办发〔2016〕35 号）
26	2017 年	全国人民代表大会	《第十二届全国人民代表大会第五次会议关于 2016 年国民经济和社会发展计划执行情况与 2017 年国民经济和社会发展计划的决议》
27	2018 年	全国人民代表大会	《第十三届全国人民代表大会第一次会议关于 2017 年国民经济和社会发展计划执行情况与 2018 年国民经济和社会发展计划的决议》
28	2018 年	全国人民代表大会	《第十三届全国人民代表大会第一次会议关于 2017 年中央和地方预算执行情况与 2018 年中央和地方预算的决议》

上述 28 份政策文件的发文主体机构统计分析如表 3－3 所示。

表 3－3　2006 年以来我国事业单位薪酬激励政策文件的发文机构统计情况

发文机构	发文量/份	占比情况（%）
国务院（办公厅）	12	42.86
中共中央（办公厅）	6	21.43
全国人民代表大会	4	14.29
国家部委及同级机构（不含国务院办公厅）	6	21.43

统计数据发现，2006 年以来我国有多个国家机构与部门参与了事业单位薪酬激励政策文件的制定，这些机构构成薪酬激励政策体系的核心发文主体。其中，我国事业单位薪酬激励政策文件的发文机构以国务

院及其所属部门为主，内容涵盖科技发展规划、收入分配改革、科研资金管理、成果转化收益等。收入分配、工资制度改革的政策由国务院发文，可见薪酬激励政策改革是全国范围的，具有全国效力的。

从发文时间来看，自从岗位绩效工资制度改革实行以来，2006 年是发文集中期，之后发文量逐渐减少，2011 年有所回升，2016 年达到发文的最高峰，当年有 8 份有关薪酬激励的政策文件出台，见图 3－1。

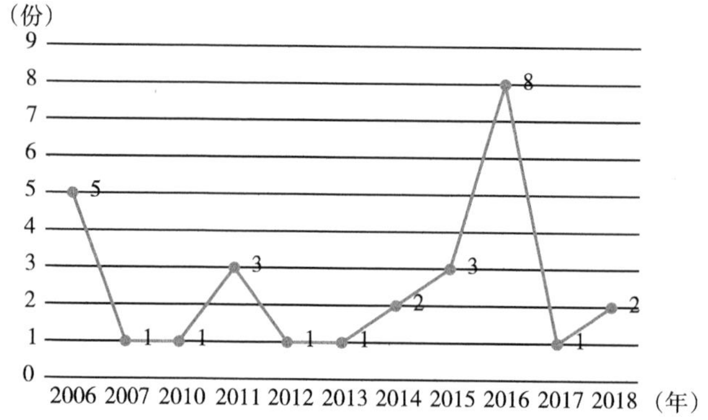

图 3－1　2006 年以来我国事业单位薪酬激励政策文件出台频率

本书对事业单位薪酬激励有关文本内容进行分析，最终得到 116 个有意义内容点。进一步，我们将 116 个内容点分为五大核心维度：工资制度改革、人才分类评价与考核、人才吸引的激励政策、科技成果转化收益以及管理人员的激励约束。2006 年以来相关政策文件在五大核心维度上的着重点各有不同。具体来看，工资制度改革的内容点数量最多，可见工资政策改革是改革的重点，所占篇幅最大。其次，人才分类评价与考核、人才吸引的激励政策与科技成果转化收益的内容量相差无几，管理人员的激励约束内容相对较少，见图 3－2。

第二，核心政策文件文本内容分析。作为 2006 年工资制度改革的首批核心政策文件之一，《事业单位工作人员收入分配制度改革实施办法》（国人部发〔2006〕59 号）是根据党中央、国务院批准的《事业

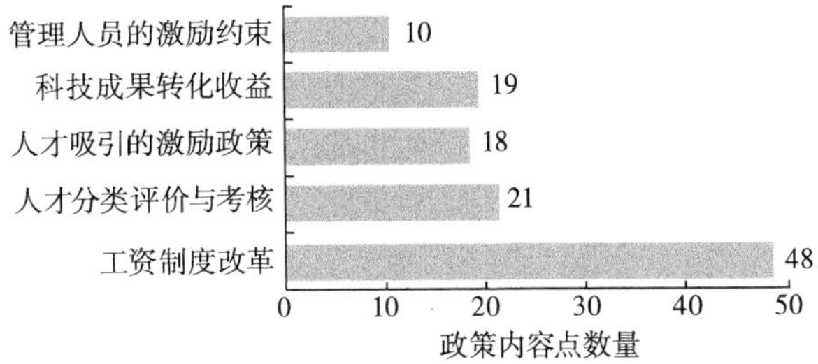

图3-2　2006年以来我国事业单位薪酬激励政策文件内容维度分布

单位工作人员收入分配制度改革方案》制定的具体实施办法，主要包括岗位绩效工资制度的实施、工资分类管理的实施、正常调整工资办法、高层次人才和单位主要领导分配激励约束机制、加强收入分配宏观调控、新聘用人员工资待遇等政策内容。具体词频统计分析结果见表3-4、图3-3。

表3-4　《事业单位工作人员收入分配制度改革实施办法》
（国人部发〔2006〕59号）词频统计分析

词语	词频计数/个	加权百分比（%）
岗位	124	5.34
工资	119	5.12
单位	76	3.27
人员	67	2.88
事业	66	2.84
标准	53	2.28
执行	52	2.24
分配	39	1.68
收入	39	1.68
工作	34	1.46
实施	30	1.29
办法	29	1.25
技术	29	1.25

续表

词语	词频计数/个	加权百分比（%）
聘用	29	1.25
国家	26	1.12
地区	24	1.03
津贴	24	1.03
管理	23	0.99
部门	23	0.99
专业	21	0.90
制度	21	0.90
绩效	17	0.73
政策	16	0.69
改革	15	0.65
规定	15	0.65

图 3-3 《事业单位工作人员收入分配制度改革实施办法》（国人部发〔2006〕59 号）词语云结果

由上述统计结果可见，《事业单位工作人员收入分配制度改革实施办法》（国人部发〔2006〕59 号）文件的重点在于强调与细化岗位绩效工资的具体实施办法，制定全国统一的标准。实施办法将专业技术人员、管理人员和工人三类人员区分开，体现了政策对人员分类分级评价导向的合理性。国家对事业单位绩效工资分配实行总量调控和政策指导，各事业单位在上级主管部门核定的绩效工资总量内，按照规范的分配程序和要求，采取灵活多样的分配形式和办法，自主决定本单位绩效工资的分配。该政策提出绩效工资分配应以工作人员的实绩和贡献为依据，合理拉开差距。这与当时的经济社会发展状况相适应，体现了进步性和科学性，但政策在落实过程中尚存在困难。

2016 年底，为加快实施创新驱动发展战略，激发科研人员创新创业积极性，在全社会营造尊重劳动、尊重知识、尊重人才、尊重创造的氛围，中共中央办公厅、国务院办公厅印发了《关于实行以增加知识价值为导向分配政策的若干意见》。意见主要内容包括推动形成体现增加知识价值的收入分配机制、扩大科研机构和高校收入分配自主权、进一步发挥科研项目资金的激励引导作用、加强科技成果产权对科研人员的长期激励以及允许科研人员和教师依法依规适度兼职兼薪。具体词频统计分析结果见表 3 –5、图 3 –4。

表 3 –5　《关于实行以增加知识价值为导向分配政策的若干意见》（2016）词频统计分析

词语	词频计数/个	加权百分比（%）
科研	76	3. 87
人员	54	2. 75
激励	42	2. 14
成果	37	1. 88
收入	37	1. 88
科技	36	1. 83
分配	33	1. 68
项目	31	1. 58
高校	27	1. 37

续表

词语	词频计数/个	加权百分比（%）
转化	25	1.27
单位	24	1.22
机构	24	1.22
创新	21	1.07
管理	21	1.07
机制	20	1.02
绩效	20	1.02
价值	17	0.87
制度	16	0.81
实行	16	0.81
工资	16	0.81
政策	16	0.81
股权	16	0.81
岗位	15	0.76
知识	15	0.76
社会	14	0.71

图3－4　《关于实行以增加知识价值为导向分配政策的若干意见》词语云结果

由上述统计结果可见，《关于实行以增加知识价值为导向分配政策的若干意见》（2016）重点强调从岗位绩效工资转向更加丰富的收入分配政策导向。该文件提出要加大对做出突出贡献科研人员和创新团队的奖励力度，提高科研人员科技成果转化收益分享比例，扩大科研事业单位的分配自主权，并鼓励科研人员通过科技成果转化获得合理收入。文件重点的转移反映政策导向的变化。进入21世纪以来，随着社会主义市场经济体制的初步建立和逐步完善，要求我们进一步认识和掌握社会主义市场经济的特点和内在规律，制定和实施科技人才激励政策要遵循客观经济规律，推动国民经济的健康发展。人才的激烈竞争和市场化水平的提高需要我国科研事业单位通过提高科研人员科技成果转化收益分享比例等办法来增加科技人才的实际合理收益，采取与人才竞争现状相适应的多种激励措施来吸引保留人才。

第三，工资制度改革的政策内容分析。从2006年到2018年，工资制度改革的政策内容点共计48个。其中，2006年工资制度改革初期相关的内容点较多（9个），之后进入平稳期，直至2016年再次井喷（19个），如表3－6所示。相比于人才分类评价与考核、人才吸引的激励政策、科技成果转化收益以及管理人员的激励约束4个维度，工资制度改革维度内容最多，可见工资改革是整个薪酬激励政策的核心。

表3－6 工资制度改革政策内容统计结果

年份	政策内容点数量/个
2006	9
2010	1
2011	5
2012	1
2013	1
2014	2
2015	5
2016	19
2017	2

续表

年份	政策内容点数量/个
2018	3
总计	48

表3－7　工资制度改革的具体内容

文件编号	文件名称	内容
1	《关于印发实施〈国家中长期科学与技术发展规划纲要（2006－2020年）〉若干配套政策的通知》（国发〔2006〕6号）	按照事业单位工资改革的要求，改革和规范科研单位工资分配制度，建立以岗位工资、绩效工资为主要内容的收入分配制度，禁止违反规定将国家科研项目经费用于分配
2	《事业单位工作人员收入分配制度改革方案》（国人部发〔2006〕56号）	贯彻按劳分配与按生产要素分配相结合的原则，建立与岗位职责、工作业绩、实际贡献紧密联系和鼓励创新创造的分配激励机制。 适应事业单位聘用制改革和岗位管理的要求，以岗定薪，岗变薪变，加大向优秀人才和关键岗位的倾斜力度。 建立体现事业单位特点的工资正常调整机制，使事业单位工作人员收入与经济社会发展水平相适应。 事业单位实行岗位绩效工资制度。岗位绩效工资由岗位工资、薪级工资、绩效工资和津贴补贴四部分组成，其中岗位工资和薪级工资为基本工资。 实行工资分类管理。对从事公益服务的事业单位，根据其功能、职责和资源配置等不同情况，实行工资分类管理。基本工资执行国家统一的政策和标准，绩效工资根据单位类型实行不同的管理办法。 完善工资正常调整机制。①正常增加薪级工资。②岗位变动调整工资。③调整基本工资标准。④调整津贴补贴标准

续表

文件编号	文件名称	内容
4	《科学研究事业单位贯彻〈事业单位工作人员收入分配制度改革方案〉的实施意见》（国人部发〔2006〕100号）	科学研究事业单位实行岗位绩效工资制度。岗位绩效工资由岗位工资、薪级工资、绩效工资和津贴补贴四部分组成，其中岗位工资和薪级工资为基本工资。基本工资执行国家统一的政策和标准。 薪级工资主要体现工作人员的工作表现和资历。岗位工资主要体现工作人员所聘岗位的职责和要求。绩效工资主要体现工作人员的实绩和贡献，是收入分配中活的部分。事业单位津贴补贴，分为艰苦边远地区津贴和特殊岗位津贴补贴。艰苦边远地区津贴主要是根据自然地理环境、社会发展等方面的差异，对在艰苦边远地区工作生活的工作人员给予适当补偿。特殊岗位津贴主要体现对事业单位苦、脏、累、险及其他特殊岗位工作人员的政策倾斜。国家对特殊岗位津贴补贴实行统一管理。艰苦边远地区的科学研究事业单位工作人员，按照人事部、财政部《关于印发〈完善艰苦边远地区津贴制度实施方案〉的通知》（国人部发〔2006〕61号）规定，执行艰苦边远地区津贴制度。科学研究事业单位现行经国家批准设立的特殊岗位津贴补贴继续按国家有关规定执行
7	《国家中长期人才发展规划纲要（2010－2020年）》（中发〔2010〕6号）	统筹推进专业技术职称和职业资格制度改革。完善政府特殊津贴制度，强化激励，科学管理。改进专业技术人才收入分配等激励办法。改善基层专业技术人才工作、生活条件，拓展职业发展空间
8	《关于分类推进事业单位改革的指导意见》（中发〔2011〕5号）	深化收入分配制度改革。以完善工资分配激励约束机制为核心，健全符合事业单位特点、体现岗位绩效和分级分类管理要求的工作人员收入分配制度。结合规范事业单位津贴补贴实施绩效工资，进一步做好义务教育学校、公共卫生与基层医疗卫生事业单位实施绩效工资工作；对其他事业单位按照分类指导、分步实施、因地制宜、稳慎推进的原则，实施绩效工资。各地区各部门要根据改革进程，探索对不同类型事业单位实行不同的绩效工资管理办法，分步实施到位。完善事业单位工资正常调整机制

续表

文件编号	文件名称	内容
9	《关于深化事业单位工作人员收入分配制度改革的意见》（国办发〔2011〕37号）	坚持按劳分配与按生产要素分配相结合，探索事业单位知识、技术、管理等生产要素参与分配的有效途径，使工作人员收入与岗位职责、工作业绩、实际贡献紧密联系。 认真做好清理核查事业单位津贴补贴工作。全面清理核查国家统一规定的津贴补贴项目外自行发放的津贴补贴和奖金，摸清收入来源、支出去向、账户情况和实际发放水平，坚决取消不合法、不合规的项目。对清理核查后的津贴补贴进行适当归并，作为规范后的津贴补贴纳入绩效工资。 奖励性绩效工资主要体现工作量和实际贡献等因素，根据绩效考核结果发放，采取灵活多样的分配方式和办法。绩效工资分配要向关键岗位、高层次人才、业务骨干和作出突出成绩的工作人员倾斜。 健全事业单位工资水平正常调整机制。国家根据经济发展、财政状况、企业相当人员工资水平和物价变化等因素，相应调整事业单位工作人员的工资水平，实现工资水平调整的制度化、规范化。进一步加强统筹，使机关事业单位工资水平保持合理关系。优化工资收入结构，逐步提高基本工资所占比重
11	《关于深化科技体制改革加快国家创新体系建设的意见》（中发〔2012〕6号）	深化科技评价和奖励制度改革。根据不同类型科技活动特点，注重科技创新质量和实际贡献，制定导向明确、激励约束并重的评价标准和方法。基础研究以同行评价为主，特别要加强国际同行评价，着重评价成果的科学价值；应用研究由用户和专家等相关第三方评价，着重评价目标完成情况、成果转化情况以及技术成果的突破性和带动性；产业化开发由市场和用户评价，着重评价对产业发展的实质贡献
12	《国务院批转发展改革委等部门关于深化收入分配制度改革若干意见的通知》（国发〔2013〕6号）	完善机关事业单位工资制度。建立公务员和企业相当人员工资水平调查比较制度，完善科学合理的职务与职级并行制度，适当提高基层公务员工资水平；调整优化工资结构，降低津贴补贴所占比例，提高基本工资占比；提高艰苦边远地区津贴标准，抓紧研究地区附加津贴实施方案。结合分类推进事业单位改革，建立健全符合事业单位特点、体现岗位绩效和分级分类管理的工资分配制度

续表

文件编号	文件名称	内容
13	《事业单位人事管理条例》（国务院令第 652 号）	事业单位工作人员工资包括基本工资、绩效工资和津贴补贴。事业单位工资分配应当结合不同行业事业单位特点，体现岗位职责、工作业绩、实际贡献等因素。 国家建立事业单位工作人员工资的正常增长机制。事业单位工作人员的工资水平应当与国民经济发展相协调、与社会进步相适应
15	《关于深化体制机制改革加快实施创新驱动发展战略的若干意见》（中发〔2015〕8 号）	改革高等学校和科研院所聘用制度，优化工资结构，保证科研人员合理工资待遇水平。完善内部分配机制，重点向关键岗位、业务骨干和作出突出成绩的人员倾斜。 完善事业单位绩效工资制度，健全鼓励创新创造的分配激励机制。完善科研项目间接费用管理制度，强化绩效激励，合理补偿项目承担单位间接成本和绩效支出。项目承担单位应结合一线科研人员实际贡献，公开公正安排绩效支出，充分体现科研人员的创新价值
16	《深化科技体制改革实施方案》（中办发〔2015〕46 号）	研究制定事业单位高层次人才收入分配激励机制的政策意见，健全鼓励创新创造的分配激励机制。优化工资结构，保证科研人员合理工资待遇水平。推进科研事业单位实施绩效工资，完善内部分配机制，重点向关键岗位、业务骨干和作出突出贡献的人员倾斜。 完善职务发明制度，推动修订专利法、公司法等相关内容，完善科技成果、知识产权归属和利益分享机制，提高骨干团队、主要发明人受益比例。完善奖励报酬制度，健全职务发明的争议仲裁和法律救济制度
17	《关于大力推进大众创业万众创新若干政策措施的意见》（国发〔2015〕32 号）	鼓励符合条件的企业按照有关规定，通过股权、期权、分红等激励方式，调动科研人员创业积极性。支持鼓励学会、协会、研究会等科技社团为科技人员和创业企业提供咨询服务
18	《中华人民共和国国民经济和社会发展第十三个五年规划纲要》	扩大高校和科研院所自主权，实行中长期目标导向的考核评价机制，更加注重研究质量、原创价值和实际贡献。 实行以增加知识价值为导向的分配政策，加强对创新人才的股权、期权、分红激励

续表

文件编号	文件名称	内容
		完善市场评价要素贡献并按贡献分配的机制。健全科学的工资水平决定机制、正常增长机制、支付保障机制，推行企业工资集体协商制度，完善最低工资增长机制。健全高技能人才薪酬体系，提高技术工人待遇。完善适应机关事业单位特点的工资制度。加强对国有企业薪酬分配的分类监管。注重发挥收入分配政策激励作用，扩展知识、技术和管理要素参与分配途径。多渠道增加城乡居民财产性收入
20	《国务院关于激发重点群体活力带动城乡居民增收的实施意见》（国发〔2016〕56号）	进一步深化收入分配制度改革，强化收入分配政策激励导向，分群体施策，不断激发全体劳动者的积极性、主动性、创造性，实现经济增长与居民增收互促共进，使全体人民在共建共享发展中有更多获得感，朝着共同富裕方向稳步前进。 坚持多种激励方式相结合。物质激励和精神激励并用，综合运用增加薪资报酬、强化权利保护、优化评优奖励、提升职业技能、增进社会认同等多种激励手段，调动不同群体的积极性、主动性和创造性。完善绩效考核制度，将激励与考核挂钩。 瞄准技能人才、新型职业农民、科技人员等增收潜力大、带动能力强的七大群体，深化收入分配制度改革，在发展中调整收入分配结构，推出差别化收入分配激励政策。 完善技术工人薪酬激励机制。优化职业技能标准等级设置，向上增加等级级次，拓宽技术工人晋升通道。引导企业合理确定技术工人薪酬水平，促进高等级技术工人薪酬水平合理增长。加大对技能要素参与分配的激励力度，探索建立企业首席技师制度，鼓励企业采取协议薪酬、持股分红等方式，试行年薪制和股权制、期权制，提高技能人才收入水平。 完善多劳多得、技高者多得的技能人才收入分配政策，引导加大人力资本投资，提高技能人才待遇水平和社会地位，大力弘扬新时期工匠精神，培养高水平大国工匠队伍，带动广大产业工人增技能、增本领、增收入。 完善工资水平决定机制。在加强行业薪酬调查和信息发布基础上，探索建立体现行业特点的高校、科研机构薪酬调查比较制度。鼓励科研事业单位聘用高端科研人员实行协议薪酬。赋予科研单位更大的人财物支配权，保障科研人员的合理工资待遇水平。 完善工资制度，健全不同地区、不同岗位差别化激励办法，建立阳光化福利保障制度，充分调动基层干部队伍工作积极性，同步完善相关人员激励机制

续表

文件编号	文件名称	内容
		完善工资制度。提高基本工资在工资性收入中的比重，落实基本工资正常调整机制。完善作为激励手段和收入补充的津贴补贴制度。落实艰苦边远地区津贴标准正常调整机制。实施地区附加津贴制度，根据地区经济社会发展、物价消费水平等差异，适当参考企业相当人员工资水平，将规范后的工作性津贴和生活性补贴纳入地区附加津贴，实现同城同待遇。推进公务员工资调整制度化，定期开展公务员和企业相当人员工资水平的调查比较。 健全差别化激励机制。建立健全公务员绩效考核体系，考核结果与工资收入挂钩。完善公务员奖金制度，强化省级政府统筹调控责任。赋予地方一定的考核奖励分配权，重点向基层一线人员和业绩突出人员倾斜。完善公务员职务与职级并行制度，充分发挥职级对基层公务员的激励作用。 明确福利标准和保障范围。明确应享有的各项福利待遇名称、发放标准及发放范围。推进公务员职务消费和福利待遇货币化改革，规范改革性补贴，形成以货币福利为主，实物福利为补充的福利体系，实现阳光透明操作，接受社会监督。符合条件的乡镇公务员可以按规定纳入当地住房保障范围，为符合条件的公立医院医务人员就近提供公租房保障
22	《国务院关于印发上海系统推进全面创新改革试验加快建设具有全球影响力科技创新中心方案的通知》（国发〔2016〕23号）	创新国资创投管理机制。允许符合条件的国有创投企业建立跟投机制，并按市场化方式确定考核目标及相应的薪酬水平。 完善创新导向的国企经营业绩考核制度。突出创新驱动发展，完善国有企业经营业绩考核办法，建立鼓励创新、宽容失败的考核机制。在国有企业领导人员任期考核中加大科技创新指标权重。对竞争类企业，实施以创新体系建设和重点项目为主要内容的任期创新转型专项评价，评价结果与任期激励挂钩。落实创新投入视同于利润的鼓励政策，对主动承接国家和上海市重大专项、科技计划、战略性新兴产业领域产业化项目，收购创新资源和境外研发中心，服务业企业加快模式创新和业态转型所发生的相关费用，经认定可视同考核利润。 完善股权激励制度。鼓励符合条件的转制科研院所、高新技术企业和科技服务机构等按照国有科技型企业股权和分红激励相关规定，采取股权出售、股权奖励、股权期权、项目收益分红和岗位分红等多种方式开展股权和分红激励。 鼓励国有企业与职务发明人（团队）事先协商，确定科技成果收益分配的方式、数额和比例，适度提高骨干团队和主要发明人的收益比例

续表

文件编号	文件名称	内容
25	《关于实行以增加知识价值为导向分配政策的若干意见》（中办发〔2016〕35号）	对不同功能和资金来源的科研项目实行分类管理，在绩效评价基础上，加大对科研人员的绩效激励力度。 引导科研机构、高校实行体现自身特点的分配办法。完善适应高校教学岗位特点的内部激励机制。落实科研机构、高校在岗位设置、人员聘用、绩效工资分配、项目经费管理等方面的自主权
26	《第十二届全国人民代表大会第五次会议关于2016年国民经济和社会发展计划执行情况与2017年国民经济和社会发展计划的决议》	强化收入分配改革激励导向，实施重点群体激励计划，开展城乡居民增收综合配套政策试点。 深化收入分配制度配套改革，加快推进综合与分类相结合的个人所得税改革，千方百计提高居民收入水平
27	《第十三届全国人民代表大会第一次会议关于2017年国民经济和社会发展计划执行情况与2018年国民经济和社会发展计划的决议》	加大对中小企业创新的支持，落实科研人员股权期权和分红等激励政策，加快推进国家重大科研基础设施、大型科研仪器等科技资源开放共享。 完善工资水平决定机制、增长机制和支付保障机制，推进城乡居民增收和专项激励计划试点，深化收入分配领域配套改革，促进城乡居民收入稳定增长，推动城乡收入差距进一步缩小
28	《第十三届全国人民代表大会第一次会议关于2017年中央和地方预算执行情况与2018年中央和地方预算的决议》	稳慎推进工资收入分配制度改革，完善机关事业单位工资和津补贴制度，向艰苦地区、特殊岗位倾斜。按一定比例适当提高城乡居民低保补助水平，适时调整优抚补助标准，加强对特困人员、残疾人等群体的兜底保障

应时代与经济社会发展的要求，2006年我国事业单位开始实行岗位绩效工资制度。事业单位建立起以岗位工资、绩效工资为主要内容的收入分配制度。岗位绩效工资由岗位工资、薪级工资、绩效工资和津贴补贴四部分组成，其中岗位工资和薪级工资为基本工资。绩效工资是事业单位收入分配中活的部分，主要体现工作业绩与实际贡献。绩效薪酬贯彻了按劳分配与按生产要素分配相结合的原则，体现了市场导向、技能与价值导向，一定程度上拉开了合理的收入差距，调动了广大专业技

术人员的工作积极性、主动性和创造性，进一步理顺了收入分配关系。同时，政策内容完善了工资正常调整机制，以岗定薪、岗变薪变，使基本工资标准适应于经济社会的发展水平及物价水平，并调整了津贴补贴标准。

第四，人才分类评价与考核的政策内容分析。2006 年到 2018 年，人才分类评价与考核的政策内容点共计 21 个。其中，2011 年人才分类评价与考核相关的内容点较多（7 个），其他年份相关内容点相对少一些，如表 3 -8、表 3 -9 所示。

表 3 -8　人才分类评价与考核政策内容统计

年份	政策内容点数量/个
2006	1
2010	3
2011	7
2012	1
2015	4
2016	5
总计	21

表 3 -9　人才分类评价与考核具体政策内容

文件编号	文件名称	内容
1	《关于印发实施〈国家中长期科学与技术发展规划纲要（2006 - 2020 年）〉若干配套政策的通知》（国发〔2006〕6 号）	建立有利于激励自主创新的人才评价和奖励制度。建立符合科技人才规律的多元化考核评价体系，对科学研究、科研管理、技术支持、行政管理等各类人员实行分类管理，建立不同领域、不同类型人才的评价体系，明确评价的指标和要素。改革和完善国家科技奖励制度，建立政府奖励为导向、社会力量奖励和用人单位奖励为主体的激励自主创新的科技奖励制度，把发现、培养和凝聚科技人才特别是尖子人才作为国家科技奖励的重要内容

续表

文件编号	文件名称	内容
7	《国家中长期人才发展规划纲要（2010－2020年）》（中发〔2010〕6号）	建立以岗位绩效考核为基础的事业单位人员考核评价制度。分行业制定事业单位领导人员考核评价办法。完善重在业内和社会认可的专业技术人才评价机制。加快推进职称制度改革，规范专业技术人才职业准入，依法严格管理；完善专业技术人才职业水平评价办法，提高社会化程度；完善专业技术职务任职评价办法，落实用人单位在专业技术职务（岗位）聘任中的自主权。完善以任期目标为依据、工作业绩为核心的国有企业领导人员考核评价办法。探索技能人才多元评价机制，逐步完善社会化职业技能鉴定、企业技能人才评价、院校职业资格认证和专项职业能力考核办法。健全完善党政领导干部考核评价机制。建立健全公务员职位分类制度。 完善科研管理制度，扩大科研机构用人自主权和科研经费使用自主权，健全科研机构内部决策、管理和监督的各项制度。建立以学术和创新绩效为主导的资源配置和学术发展模式。 改进科技评价和奖励方式，完善以创新和质量为导向的科研评价办法，克服考核过于频繁、过度量化的倾向
9	《关于深化事业单位工作人员收入分配制度改革的意见》（国办发〔2011〕37号）	适应分类推进事业单位改革的总体要求，健全符合事业单位特点、体现岗位绩效和分级分类管理的工作人员收入分配制度。 进一步明确地方和部门的工资管理职责，对不同类型的事业单位实行不同的工资管理办法，实行分级分类管理，促进形成不同地区、不同类型事业单位之间合理的工资分配关系。 完善事业单位绩效考核。行业主管部门要结合本行业特点制定绩效考核指导意见，加强对事业单位内部考核的指导，引导事业单位不断提高社会公益服务水平。各事业单位要完善内部考核制度，把绩效考核与分配更好地结合起来，发挥绩效工资分配的激励导向作用

续表

文件编号	文件名称	内容
		认真做好事业单位实施绩效工资工作。按照国务院的统一部署，事业单位绩效工资分三步实施：第一步在义务教育学校实施；第二步在公共卫生与基层医疗卫生事业单位实施；第三步在其他事业单位实施。要认真总结义务教育学校和公共卫生与基层医疗卫生事业单位实施绩效工资的经验，按照分类指导、分步实施、因地制宜、稳慎推进的原则，做好其他事业单位绩效工资的实施工作。要根据分类推进事业单位改革的要求，探索不同类型事业单位实行不同的绩效工资管理办法。各地区、各部门要根据实际情况，适时起步，分阶段推进，逐步到位，进度上不搞“一刀切”。要在国家确定的政策框架内，结合实际制定具体实施意见，探索行之有效的办法。要统筹兼顾，妥善处理实施过程中的问题，确保平稳顺利实施。规范公务员津贴补贴，要统筹考虑事业单位工作人员的工资待遇，与实施绩效工资工作结合起来。 规范特殊岗位津贴补贴管理。国家统一制定特殊岗位津贴补贴政策和规范管理办法，明确实行特殊岗位津贴补贴的基本条件，健全特殊岗位津贴补贴动态调整机制，规范审批程序
10	《国家中长期科技人才发展规划（2010 – 2020 年）》（国科发政〔2011〕353 号）	改进科技人才评价激励机制。建立科研机构创新绩效综合评价制度，引导科研机构和高等学校等建立以科研质量和创新能力为导向的科技人才评价标准。确立用人单位在科技人才评价中的主体地位，建立分类评价体系。根据科技人才所从事的工作性质和岗位，确定相应的评价标准和方式。对从事基础研究的人才，重在以同行评议国际通用的评价方式，考核其学术水平和学术影响；对从事社会公益研究的科技人才，重在考核其为社会公益事业和政府决策提供科技支撑的能力和贡献；对从事应用研究和技术开发的科技人才，重在考核其技术创新与集成能力，获得的自主知识产权等；对于从事实验技术和条件保障的科研辅助人才，重在考核其为研发活动提供的服务水平、工作质量。对从事管理和服务的科技管理人才，重在考核其管理水平和服务能力与效率。 完善国有企业考核体系和分配激励机制，将技术创新能力指标纳入企业负责人经营业绩的考核体系，推动企业大力支持研发人员创新

续表

文件编号	文件名称	内容
11	《关于深化科技体制改革加快国家创新体系建设的意见》（中发〔2012〕6 号）	建立以科研能力和创新成果等为导向的科技人才评价标准，改变片面将论文数量、项目和经费数量、专利数量等与科研人员评价和晋升直接挂钩的做法
15	《关于深化体制机制改革加快实施创新驱动发展战略的若干意见》（中发〔2015〕8 号）	改革高等学校和科研院所科研评价制度。强化对高等学校和科研院所研究活动的分类考核。对基础和前沿技术研究实行同行评价，突出中长期目标导向，评价重点从研究成果数量转向研究质量、原创价值和实际贡献
16	《深化科技体制改革实施方案》（中办发〔2015〕49 号）	实行科技人员分类评价，建立以能力和贡献为导向的评价和激励机制。 改进人才评价方式，制定关于分类推进人才评价机制改革的指导意见，提升人才评价的科学性。对从事基础和前沿技术研究、应用研究、成果转化等不同活动的人员建立分类评价制度。 完善科技人才职称评价标准和方式，制定关于深化职称制度改革的意见，促进职称评价结果和科技人才岗位聘用有效衔接
20	《国务院关于激发重点群体活力带动城乡居民增收的实施意见》（国发〔2016〕56 号）	贯通职业资格、学历等认证渠道。统筹考虑技能培训、职业教育和高等教育，建立职业资格与相应的职称、学历可比照认定制度。完善职业资格与职业教育学历“双证书”制度。研究制定高技能人才与工程技术人才的职业发展贯通办法。健全青年技能人才评价选拔制度，适当突破年龄、资历和比例等限制，完善高技能人才评价使用机制
21	《国务院关于印发“十三五”国家科技创新规划的通知》（国发〔2016〕43 号）	高等学校、科研院所的主管部门以及财政、科技等相关部门，在对单位进行绩效考评时应当将科技成果转化的情况作为评价指标之一

续表

文件编号	文件名称	内容
22	《国务院关于印发上海系统推进全面创新改革试验加快建设具有全球影响力科技创新中心方案的通知》（国发〔2016〕23号）	实施管理、技术“双通道”的国企晋升制度。改革国有企业技术人员主要依靠职务提升的单一晋升模式，拓宽技术条线晋升渠道，鼓励设立首席研究员、首席科学家等高级技术岗位，给予其与同级别管理岗位相一致的地位和薪酬待遇。 改革高校和科研机构考核制度，完善人才分类评价体系。对从事基础研究和前沿技术研究的优秀科研人员，弱化中短期目标考核，建立持续稳定的财政支持机制
25	《关于实行以增加知识价值为导向分配政策的若干意见》（中办发〔2016〕35号）	重视科研机构、高校中长期目标考核。结合科研机构、高校分类改革和职责定位，加强对科研机构、高校中长期目标考核，建立与考核评价结果挂钩的经费拨款制度和员工收入调整机制，对评价优秀的加大绩效激励力度

2006年，《关于印发实施〈国家中长期科学与技术发展规划纲要（2006－2020年）〉若干配套政策的通知》（国发〔2006〕6号）提出，“建立有利于激励自主创新的人才评价和奖励制度”。自此以来，人才评价与绩效考核的政策要求不断强化与完善，鼓励建立符合科技人才规律的多元化考核评价体系。《国家中长期人才发展规划纲要（2010－2020年）》（中发〔2010〕6号）提出改进科技评价和奖励方式，完善以创新和质量为导向的科研评价办法，克服考核过于频繁、过度量化的倾向。人才分类评价与考核政策必须与工资制度改革相配套，提高考核与评价的科学性与合理性才能真正发挥绩效工资的作用，引导事业单位不断提高社会公益服务水平。事业单位只有不断完善内部考核制度，把绩效考核与分配更好地结合起来，才能发挥绩效工资分配的激励导向作用。

第五，人才吸引激励政策的政策内容分析。从2006年到2018年，国家发布的人才吸引激励政策内容点共计18个。其中，2006年工资制度改革初期相关的内容点较多（4 个），其后十多年间发文数量比较稳定，如表 3 - 10，表 3 - 11 所示，吸引优秀人才的激励政策是政策一贯的导向和重点。

表 3 - 10　人才吸引激励政策内容统计

年份	政策内容点数量/个
2006	4
2007	1
2010	3
2011	3
2012	1
2014	1
2015	3
2016	2
总计	18

表 3 - 11　人才吸引激励政策具体内容

文件编号	文件名称	内容
1	《关于印发实施〈国家中长期科学与技术发展规划纲要（2006 - 2020 年）〉若干配套政策的通知》（国发〔2006〕6 号）	改革和完善企业分配和激励机制，支持企业吸引科技人才，允许国有高新技术企业对技术骨干和管理骨干实施期权等激励政策
3	《事业单位工作人员收入分配制度改革实施办法》（国人部发〔2006〕59 号）	高层次人才分配激励措施。①中国科学院院士、中国工程院院士以及为国家做出重大贡献的一流人才，经批准，执行专业技术一级岗位工资标准。②对有突出贡献的专家、学者和技术人员，继续实行政府特殊津贴。③对承担国家重大科研项目和工程建设项目等为我国经济建设和社会发展做出重要贡献的优秀人才，给予不同程度的一次性奖励。④对基础研究、战略高技术研究和重要公益领域的事业单位高层次人才，逐步建立特殊津贴制度。对重要人才建立国家投保制度。⑤对部分紧缺或者急需引进的高层次人才，经批准可实行协议工资、项目工资等灵活多样的分配办法

续表

文件编号	文件名称	内容
4	《科学研究事业单位贯彻〈事业单位工作人员收入分配制度改革方案〉的实施意见》（国人部发〔2006〕100号）	高层次人才分配激励措施。①中国科学院院士、中国工程院院士以及为国家做出重大贡献的一流人才，经批准，执行专业技术一级岗位工资标准。②对有突出贡献的专家、学者和技术人员，继续实行政府特殊津贴。③对承担国家重大科研项目和工程建设项目等为我国经济建设和社会发展做出重要贡献的优秀人才，给予不同程度的一次性奖励。④对基础研究、战略高技术研究和重要公益领域的事业单位高层次人才，逐步建立特殊津贴制度。对重要人才建立国家投保制度。⑤对部分紧缺或者急需引进的高层次人才，经批准可实行协议工资、项目工资等灵活多样的分配办法
5	《高等学校贯彻<事业单位工作人员收入分配制度改革方案>的实施意见》（国人部发〔2006〕113号）	高层次人才分配激励措施。①中国科学院院士、中国工程院院士以及为国家做出重大贡献的一流人才，经批准，执行专业技术一级岗位工资标准。②对有突出贡献的专家、学者和技术人员，继续实行政府特殊津贴。③对承担国家重大科研项目和工程建设项目等为我国经济建设和社会发展做出重要贡献的优秀人才，给予不同程度的一次性奖励，具体办法按国家有关规定执行。④对基础研究、战略高技术研究和重要公益领域的事业单位高层次人才，逐步建立特殊津贴制度。对重要人才建立国家投保制度，具体办法按国家有关规定执行。⑤对部分紧缺或者急需引进的高层次人才，经批准可实行协议工资、项目工资等灵活多样的分配办法，具体办法按国家有关规定执行
6	《关于建立海外高层次留学人才回国工作绿色通道的意见》（国人部发〔2007〕26号）	回国工作的高层次留学人才的报酬应与其本人能力、业绩、贡献挂钩。由事业单位聘用的，按照国家有关规定，经批准可实行协议工资、项目工资等灵活多样的分配方法

续表

文件编号	文件名称	内容
7	《国家中长期人才发展规划纲要（2010－2020年）》（中发〔2010〕6号）	目标要求：完善分配、激励、保障制度，建立健全与工作业绩紧密联系、充分体现人才价值、有利于激发人才活力和维护人才合法权益的激励保障机制。完善各类人才薪酬制度，加强对收入分配的宏观管理，逐步建立秩序规范、激发活力、注重公平、监管有力的工资制度。 主要任务：统筹协调党政机关和国有企事业单位收入分配，稳步推进工资制度改革。建立产权激励制度，制定知识、技术、管理、技能等生产要素按贡献参与分配的办法。健全国有企业人才激励机制，推行股权、期权等中长期激励办法，重点向创新创业人才倾斜。逐步提高企业退休人员基本养老金，对在企业退休的高层次专业技术人员给予重点倾斜。建立完善事业单位岗位绩效工资制度。探索高层次人才、高技能人才协议工资制和项目工资制等多种分配形式。 健全科研院所分配激励机制，注重向科研关键岗位和优秀拔尖人才倾斜
9	《关于深化事业单位工作人员收入分配制度改革的意见》（国办发〔2011〕37号）	完善高层次人才分配激励政策。中国科学院院士、中国工程院院士及为国家作出重大贡献的杰出人才，经国家批准可执行专业技术一级岗位工资标准。继续实行院士津贴和政府特殊津贴。对基础研究、战略高技术研究和重要公益领域的事业单位高层次人才，逐步建立特殊津贴。研究建立重要人才国家投保制度。对部分紧缺或者急需引进的高层次人才，按国家有关规定经批准可实行协议工资、项目工资等灵活多样的分配办法
10	《国家中长期科技人才发展规划（2010－2020年）》（国科发政〔2011〕353号）	健全科研机构、高等学校、国有企业等的科技人才激励机制，注重精神奖励。将科学精神、科学道德纳入对科技人才评价指标。建立健全科研机构和高等学校岗位绩效工资制度，对科技人才实行多种分配方式，确保优秀科技人才收入维持在较高水平。 健全科研机构和高等学校的科研管理制度，推动科研机构、高等学校采取科技人才评价不与论文、项目和经费数量过度挂钩的评价标准，重点评价和考核科技人才的学术水平和实际贡献。完善高层次科技人才激励和保障机制，鼓励和引导科技人才爱岗敬业、持续创新
11	《关于深化科技体制改革加快国家创新体系建设的意见》（中发〔2012〕6号）	探索有利于创新人才发挥作用的多种分配方式，完善科技人员收入分配政策，健全与岗位职责、工作业绩、实际贡献紧密联系和鼓励创新创造的分配激励机制

续表

文件编号	文件名称	内容
14	《关于改进加强中央财政科研项目和资金管理的若干意见》（国发〔2014〕11号）	间接费用用于补偿项目承担单位为项目实施所发生的间接成本和绩效支出，项目承担单位应当建立健全间接费用的内部管理办法，合规合理使用间接费用，结合一线科研人员实际贡献公开公正安排绩效支出，体现科研人员价值，充分发挥绩效支出的激励作用
15	《关于深化体制机制改革加快实施创新驱动发展战略的若干意见》（中发〔2015〕8号）	更加注重强化激励机制，给予科技人员更多的利益回报和精神鼓励。 加大科研人员股权激励力度
16	《深化科技体制改革实施方案》（中办发〔2015〕52号）	制定在全国加快推行股权和分红激励政策的办法，对高等学校和科研院所等事业单位以科技成果作价入股的企业，放宽股权奖励、股权出售对企业设立年限和盈利水平的限制。建立促进国有企业创新的激励制度，对在创新中做出重要贡献的技术人员实施股权和分红激励政策
19	《国务院关于印发"十三五"国家战略性新兴产业发展规划的通知》（国发〔2016〕67号）	坚持人才兴业。人才是发展壮大战略性新兴产业的首要资源。要针对束缚人才创新活力的关键问题，加快推进人才发展政策和体制创新，保障人才以知识、技能、管理等创新要素参与利益分配，以市场价值回报人才价值，全面激发人才创业创新动力和活力。加大力度培养和吸引各类人才，弘扬工匠精神和企业家精神
25	《关于实行以增加知识价值为导向分配政策的若干意见》（中办发〔2016〕35号）	实行以增加知识价值为导向的分配政策，充分发挥收入分配政策的激励导向作用，激发广大科研人员的积极性、主动性和创造性，鼓励多出成果、快出成果、出好成果，推动科技成果加快向现实生产力转化

2006年，《事业单位工作人员收入分配制度改革实施办法》（国人部发〔2006〕59号）提出，"对部分紧缺或者急需引进的高层次人才，经批准可实行协议工资、项目工资等灵活多样的分配办法。"其后政策体现出对人才吸引激励力度的逐步加强。"探索高层次人才、高技能人才协议工资制和项目工资制等多种分配形式。"《国家中长期人才发展

规划纲要（2010－2020年）》（中发〔2010〕6号）提出，“制定在全国加快推行股权和分红激励政策的办法。”《深化科技体制改革实施方案》（中办发〔2015〕52号）提出“以市场价值回报人才价值，全面激发人才创业创新动力和活力”等。政策不断向吸引优秀人才方面倾斜，倾斜力度不断加大，口径逐步放松。

第六，科技成果转化收益的政策内容分析。从2006年到2018年，国家出台的科技成果转化收益政策内容点共计17个。由表3－12可见，科技成果转化收益的政策导向十分明显，2015年之前是探索阶段，2016年深化加速，政策导向从岗位绩效工资向科技成果转化收益转变，具体如表3－13所示。

表3－12　科技成果转化收益政策内容统计

年份	政策内容点数量/个
2011	1
2012	1
2013	1
2015	2
2016	12
总计	17

表3－13　科技成果转化收益相关政策内容

文件编号	文件名称	内容
10	《国家中长期科技人才发展规划（2010－2020年）》（国科发政〔2011〕353号）	鼓励企业探索建立知识、技术等要素按贡献参与分配的制度，探索实行技术成果、知识产权折价、股权期权激励等科技人才激励方式。加大科技人才知识产权的保护力度，强化知识产权、技术成果等对科技人才创新创业的激励作用，制定职务技术成果管理条例，提高技术成果转化和应用中主要发明人的收益比例
11	《关于深化科技体制改革加快国家创新体系建设的意见》（中发〔2012〕6号）	完善落实科技人员成果转化的股权、期权激励和奖励等收益分配政策

续表

文件编号	文件名称	内容
12	《国务院批转发展改革委等部门关于深化收入分配制度改革若干意见的通知》(国发〔2013〕6号)	健全技术要素参与分配机制。建立健全以实际贡献为评价标准的科技创新人才薪酬制度，鼓励企事业单位对紧缺急需的高层次、高技能人才实行协议工资、项目工资等。加强知识产权保护，完善有利于科技成果转移转化的分配政策，探索建立科技成果入股、岗位分红权激励等多种分配办法，保障技术成果在分配中的应得份额。完善高层次、高技能人才特殊津贴制度。允许和鼓励品牌、创意等参与收入分配
15	《关于深化体制机制改革加快实施创新驱动发展战略的若干意见》(中发〔2015〕8号)	提高科研人员成果转化收益比例。完善职务发明制度，推动修订专利法、公司法等相关内容，完善科技成果、知识产权归属和利益分享机制，提高骨干团队、主要发明人受益比例
16	《深化科技体制改革实施方案》(中办发〔2015〕52号)	推动修订促进科技成果转化法和相关政策规定，在财政资金设立的科研院所和高等学校中，将职务发明成果转让收益在重要贡献人员、所属单位之间合理分配，对用于奖励科研负责人、骨干技术人员等重要贡献人员和团队的比例，可以从现行不低于20%提高到不低于50%
18	《中华人民共和国国民经济和社会发展第十三个五年规划纲要》	实施科技成果转化行动，全面下放创新成果处置权、使用权和收益权，提高科研人员成果转化收益分享比例。 实施科技成果转化行动，全面下放创新成果处置权、使用权和收益权，提高科研人员成果转化收益分享比例，支持科研人员兼职和离岗转化科技成果。建立从实验研究、中试到生产的全过程科技创新融资模式，促进科技成果资本化产业化。实行以增加知识价值为导向的分配政策，加强对创新人才的股权、期权、分红激励
19	《国务院关于印发“十三五”国家战略性新兴产业发展规划的通知》(国发〔2016〕67号)	完善科技成果转移转化制度。落实相关法律法规政策，组织实施促进科技成果转移转化行动。落实科技成果转化有关改革措施，提高科研人员成果转化收益分享比例，加快建立科技成果转移转化绩效评价和年度报告制度。引导有条件的高校和科研院所建立专业化、市场化的技术转移机构，加强战略性新兴产业科技成果发布，探索在战略性新兴产业相关领域率先建立利用财政资金形成的科技成果限时转化制度

续表

文件编号	文件名称	内容
20	《国务院关于激发重点群体活力带动城乡居民增收的实施意见》（国发〔2016〕56号）	深化事业单位分类改革，实行以增加知识价值为导向的激励机制，提高科研人员成果转化收益分享比例，通过工资性收入、项目激励、成果转化奖励等多重激励引导科研人员潜心研究工作，激发科技创新热情
22	《国务院关于印发上海系统推进全面创新改革试验加快建设具有全球影响力科技创新中心方案的通知》（国发〔2016〕23号）	探索建立符合科技成果转化规律的市场定价机制，收益分配向发明人和转移转化人员倾斜，充分调动高校、科研院所及科技人员积极性
23	《国务院关于印发实施<中华人民共和国促进科技成果转化法》若干规定的通知>（国发〔2016〕16号）	国家鼓励企业建立健全科技成果转化的激励分配机制，充分利用股权出售、股权奖励、股票期权、项目收益分红、岗位分红等方式激励科技人员开展科技成果转化。国务院财政、科技等行政主管部门要研究制定国有科技型企业股权和分红激励政策，结合深化国有企业改革，对科技人员实施激励。 ①以技术转让或者许可方式转化职务科技成果的，应当从技术转让或者许可所取得的净收入中提取不低于50%的比例用于奖励。②以科技成果作价投资实施转化的，应当从作价投资取得的股份或者出资比例中提取不低于50%的比例用于奖励。③在研究开发和科技成果转化中做出主要贡献的人员，获得奖励的份额不低于奖励总额的50%。④对科技人员在科技成果转化工作中开展技术开发、技术咨询、技术服务等活动给予的奖励，可按照促进科技成果转化法和本规定执行
24	《国务院批转国家发展改革委关于2016年深化经济体制改革重点工作意见的通知》（国发〔2016〕21号）	完善创新人才激励机制。实施支持科技成果转移转化的政策措施，启动促进科技成果转移转化行动。落实国有科技型企业股权激励和分红激励实施办法，深入开展科技人才分类评价试点。推动高校和科研院所去行政化改革，出台科研事业单位领导人员管理办法，研究制定科研机构创新绩效评价办法。扩大高校和科研院所自主权，赋予创新领军人才更大的人财物支配权和技术路线决策权。实行以增加知识价值为导向的分配政策，提高科研人员成果转化收益分享比例。建立统一的外国人才管理体制

续表

文件编号	文件名称	内容
25	《关于实行以增加知识价值为导向分配政策的若干意见》（中办发〔2016〕35号）	充分发挥市场机制作用，通过稳定提高基本工资、加大绩效工资分配激励力度、落实科技成果转化奖励等激励措施，使科研人员收入与岗位职责、工作业绩、实际贡献紧密联系，在全社会形成知识创造价值、价值创造者得到合理回报的良性循环，构建体现增加知识价值的收入分配机制。 逐步提高科研人员收入水平。在保障基本工资水平正常增长的基础上，逐步提高体现科研人员履行岗位职责、承担政府和社会委托任务等的基础性绩效工资水平，并建立绩效工资稳定增长机制。加大对做出突出贡献科研人员和创新团队的奖励力度，提高科研人员科技成果转化收益分享比例。强化绩效评价与考核，使收入分配与考核评价结果挂钩。 鼓励科研人员通过科技成果转化获得合理收入。积极探索通过市场配置资源加快科技成果转化、实现知识价值的有效方式。 强化科研机构、高校履行科技成果转化长期激励的法人责任。坚持长期产权激励与现金奖励并举，探索对科研人员实施股权、期权和分红激励，加大在专利权、著作权、植物新品种权、集成电路布图设计专有权等知识产权及科技成果转化形成的股权、岗位分红权等方面的激励力度

2012 年，《关于深化科技体制改革加快国家创新体系建设的意见》（中发〔2012〕6 号）提出，要“完善落实科技人员成果转化的股权、期权激励和奖励等收益分配政策”。后续政策进一步指出，要“完善有利于科技成果转移转化的分配政策，探索建立科技成果入股、岗位分红权激励等多种分配办法，保障技术成果在分配中的应得份额”。2015 年《深化科技体制改革实施方案》（中办发〔2015〕52 号）提出，“将职务发明成果转让收益在重要贡献人员、所属单位之间合理分配，对用于奖励科研负责人、骨干技术人员等重要贡献人员和团队的比例，可以从现行不低于 20% 提高到不低于 50%。”而《国务院关于印发上海系统推进全面创新改革试验加快建设具有全球影响力科技创新中心方案的通知》（国发〔2016〕23 号）则是截至目前有关科技成果转化收益激励力度最强的政策，提出“成果转化收益全部留归单位，不再上缴国

库”。由政策内容的发展变化可以清晰地看出，国家不断加大成果转化收益归单位和个人支配的力度，目的在于刺激科研人员积极主动多出成果、出高质量成果。

第七，国家出台管理人员激励约束的相关政策内容分析。从2006年到2018年，国家出台管理人员激励约束的政策内容点共计10个，如表3－14所示。总体来看，管理人员激励约束，在薪酬激励政策文件中一直被强调，且激励与约束并重。政策在激励高层管理人员和领导人员的同时，突出强调了约束的力度，具体如表3－15所示。

表3－14　管理人员激励约束政策内容统计

年份	政策内容点数量/个
2006	3
2013	1
2015	1
2016	5
总计	10

表3－15　管理人员激励约束相关政策内容

文件编号	文件名称	内容
2	《事业单位工作人员收入分配制度改革方案》（国人部发〔2006〕56号）	完善高层次人才和单位主要领导的分配激励约束机制。 （1）完善高层次人才分配激励机制。 （2）建立事业单位主要领导的分配激励约束机制
3	《事业单位工作人员收入分配制度改革实施办法》（国人部发〔2006〕59号）	事业单位主要领导收入分配激励约束机制。国家对事业单位主要领导收入分配制定指导意见，选择有条件的事业单位进行试点，探索建立单位主要领导收入分配激励约束机制。政府人事、财政等部门制定事业单位主要领导的收入分配办法，结合考核合理确定其收入水平，使事业单位主要领导的收入与单位的社会经济效益及长远发展相联系，规范事业单位主要领导的收入分配，并加强监督管理。在试点的基础上，不断完善事业单位主要领导收入分配激励约束机制

续表

文件编号	文件名称	内容
4	《科学研究事业单位贯彻〈事业单位工作人员收入分配制度改革方案〉的实施意见》（国人部发〔2006〕100号）	科学研究事业单位主要领导收入分配激励约束机制。在人事部、财政部选择试点的科学研究事业单位中，探索建立单位主要领导收入分配激励约束机制，规范单位主要领导的收入分配。结合对单位及个人的综合绩效考核结果，合理确定主要领导的收入水平，使科学研究事业单位主要领导的收入与单位社会经济效益及长远发展相联系，加强对单位主要领导收入分配的监督管理
12	《国务院批转发展改革委等部门关于深化收入分配制度改革若干意见的通知》（国发〔2013〕6号）	对部分过高收入行业的国有及国有控股企业，严格实行企业工资总额和工资水平双重调控政策，逐步缩小行业工资收入差距
16	《深化科技体制改革实施方案》（中办发〔2015〕53号）	开展国有企业事业单位选聘、聘用国际高端人才实行市场化薪酬试点，加大对高端人才激励力度
18	《中华人民共和国国民经济和社会发展第十三个五年规划纲要》	建立国有企业职业经理人制度，完善差异化薪酬制度和创新激励
20	《国务院关于激发重点群体活力带动城乡居民增收的实施意见》（国发〔2016〕56号）	完善国有企业经营管理人员激励方式。完善对组织任命的国有企业负责人的薪酬激励机制，合理确定基本年薪、绩效年薪和任期激励收入。研究制定在国有企业建立职业经理人制度的指导意见，对市场化选聘的职业经理人实行市场化薪酬分配机制，采取多种方式探索完善中长期激励机制。稳妥有序推进混合所有制企业员工持股试点，探索通过实行员工持股建立激励约束长效机制
21	《国务院关于印发“十三五”国家科技创新规划的通知》（国发〔2016〕43号）	积极引导符合条件的国有科技型企业实施股权和分红激励政策，落实国有企业事业单位成果转化奖励的相关政策。完善职务发明制度，推动修订专利法、公司法，完善科技成果、知识产权归属和利益分享机制。高等学校、科研院所对科技成果转化中科技人员的奖励应不低于净收入的50%，在研究开发和科技成果转化中做出主要贡献的人员获得奖励的份额不低于奖励总额的50%。对于担任领导职务的科技人员获得科技成果转化奖励，按照分类管理的原则执行。健全职务发明的争议仲裁和法律救济制度

续表

文件编号	文件名称	内容
25	《关于实行以增加知识价值为导向分配政策的若干意见》（中办发〔2016〕35号）	完善科研机构、高校领导人员科技成果转化股权奖励管理制度

2006年，《事业单位工作人员收入分配制度改革实施办法》（国人部发〔2006〕59号）提出，“国家对事业单位主要领导收入分配制定指导意见，选择有条件的事业单位进行试点，探索建立单位主要领导收入分配激励约束机制。”自此以来，政策对于单位主要领导收入分配约束的力度不断加大。《国务院批转发展改革委等部门关于深化收入分配制度改革若干意见的通知》（国发〔2013〕6号）提出，要“对部分过高收入行业的国有及国有控股企业，严格实行企业工资总额和工资水平双重调控政策，逐步缩小行业工资收入差距”。从政策内容的变化可见国家对于高层管理者、领导人员的收入管控约束激励二者并重。

三、当前薪酬激励政策述评

综观2006年至今事业单位薪酬激励政策，我们从以下几个方面讨论政策文件的优越性与存在的问题。

一是2006年以来的薪酬激励政策具有一定的政策连续性和稳定性。2006年以来的各个薪酬激励政策文件在强调体现工作人员的工作业绩、实际贡献和能力价值方面是一致的。2006年，《事业单位工作人员收入分配制度改革方案》提出改革和规范科研单位工资分配制度，建立以岗位工资、绩效工资为主要内容的收入分配制度。自此之后的十多年间，《事业单位工作人员收入分配制度改革方案》（国人部发〔2006〕

56 号）等相关政策文件不断强调绩效工资要“根据单位类型实行不同的管理办法”。《关于分类推进事业单位改革的指导意见》（中发〔2011〕5 号）提出，“探索对不同类型事业单位实行不同的绩效工资管理办法”。《关于深化事业单位工作人员收入分配制度改革的意见》（国办发〔2011〕37 号）提出，“奖励性绩效工资主要体现工作量和实际贡献等因素，根据绩效考核结果发放，采取灵活多样的分配方式和办法。”《事业单位人事管理条例》（国务院令第 652 号）提出，“事业单位工资分配应当结合不同行业事业单位特点，体现岗位职责、工作业绩、实际贡献等因素。”《关于深化体制机制改革加快实施创新驱动发展战略的若干意见》（中发〔2015〕8 号）提出，“完善事业单位绩效工资制度，健全鼓励创新创造的分配激励机制。”《深化科技体制改革实施方案》（中办发〔2015〕46 号）提出，“推进科研事业单位实施绩效工资，完善内部分配机制。”政策导向的一致性体现了十几年来薪酬激励政策具有一定的连续性和稳定性。实行工资分类管理、建立以岗位工资、绩效工资为主要内容的收入分配制度，不断提高人员评价和绩效考核的科学性与合理性，被不断强调和适度细化。

二是在薪酬激励政策推进过程中不断找寻有力的切入点。2006 年岗位绩效工资制度实行以来，各方面不断强调绩效工资要体现工作人员实际工作贡献，深化贯彻按劳分配的原则。各级部门与单位结合自身实际情况不断细化与完善绩效工资的实施办法。但绩效考核办法始终缺乏科学性与合理性，难以真正实现对人员按照实际贡献考量与实际贡献进行收入分配。2012 年，《关于深化科技体制改革加快国家创新体系建设的意见》（中发〔2012〕6 号）特别强调，要“建立以科研能力和创新成果等为导向的科技人才评价标准，改变片面将论文数量、项目和经费数量、专利数量等与科研人员评价和晋升直接挂钩的做法”。可以看出激励政策的不断调整与完善。

然而，绩效考核的问题并非一日之间就能够解决，政策导向逐渐发生变化。2015—2016 年，涉及科技成果转化收益的相关政策密集出台，政策导向从岗位绩效工资向科技成果转化收益迁移转变。提出要将职务发明成果转让收益在重要贡献人员、所属单位之间合理分配，对用于奖励科研负责人、骨干技术人员等重要贡献人员和团队的比例，可以从现行不低于 20% 提高到不低于 50%。在《国务院关于印发上海系统推进全面创新改革试验加快建设具有全球影响力科技创新中心方案的通知》（国发〔2016〕23 号）中，甚至提出“成果转化收益全部留归单位，不再上缴国库”。最新出台的激励政策也倾向于降低成果转化收益的个人缴税比例。这些新近的政策表明，国家以提高科技成果转化收益这个着力点，不断推进科技人员收入分配的合理性。

三是薪酬激励政策的矛盾性导致实现政策目的的困难。政策的制定需要兼顾多种因素，既要激发科技工作人员的积极性和创新创造能力，又要维持国家社会的稳定与安定，因此激励政策往往是激励与约束二者并重。实行岗位绩效工资的目的在于合理拉开收入差距，避免平均主义、“大锅饭”导致的懒惰与平庸风气，但为了提高人员的稳定性，政策同时要提高基本工资所占比例、优化工资结构。在工资总量限定的前提下，二者既相辅相成，也具有一定的矛盾性。

政策要求国家进行绩效工资总量调控，事业单位在核定的绩效工资总量内享有分配自主权，但事业单位在具体执行过程中，缺乏科学合理的绩效评价办法，同时因为要兼顾稳定性，推进改革进程的态度十分谨慎，导致绩效工资实际上并未完全体现工作人员的实际贡献。因收入差距不大，对科技工作人员积极性和创新创造能力的调动作用有限。激发科技工作人员创新创造能力和积极主动性的政策初衷是好的，但政策的矛盾性使其在落实中遭遇现实困难与限制，并未达到理想的效果。

四是现行薪酬激励制度难以适应人才市场的灵活多变、国际化的需求，吸引优秀人才的工作存在相当难度。当前人才的国际化流动明显，优秀人才吸引的难度加大。虽然2006年相关政策就指出，“对部分紧缺或者急需引进的高层次人才，经批准可实行协议工资、项目工资等灵活多样的分配办法”，但在具体实施过程中仍不尽如人意。事业单位可支配的工资总量是限定的，而基本工资等“死工资”就占去相当大比例。包括科研事业单位在内的很多单位愿意为吸引优秀人才而支付高薪酬待遇，但苦于可支配的资金总量不足，心有余而力不足。对事业单位紧缺的人才，现行政策仍然难以根据劳动力市场行情做出灵活反应，无法适应人才竞争的需要，事业单位分类改革、人事制度改革等配套制度需要进一步完善。

第四篇　访谈案例

一、某外资企业薪酬案例研究

随着经济全球化、一体化趋势不断加深，大量外资企业涌入国内。外资企业（以下简称外企）除了带来数以百万计的就业岗位，还带来了现代企业管理经验，包括先进的薪酬管理理念。外企薪酬管理模式可作为我国科技工作薪酬管理状况调查的有益补充，“我国科技工作者薪酬状况调查”访谈小组通过访谈天津市某外企的人力资源部门主管，调研外企的薪酬模式、薪酬激励、薪酬考核等薪酬管理状况。

外企的薪酬管理在吸引人才、激励员工和开发潜能方面有自己的独特之处，主要有以下三方面特点：

一是薪酬体系设计科学合理。薪酬体系根据市场水平、企业的发展战略、财务状况、员工需求，同时满足当地薪酬政策和法规要求设计。多数外企有明确的薪资结构，包括基本薪酬、绩效薪酬和福利三部分。薪资结构和水平的设计按照“3P + 2M”原则，即依据实际业绩（performance）、岗位职责（position）、个人能力（people），参照行业市场（industry market）和人才市场（talent market）。访谈中我们发现，该外企在薪酬体系设计方面以企业战略和市场水平为导向评估岗位，以“3P + 2M”为原则设计薪资结构和水平，最终形成包括“基本工资 + 奖金 + 福利”的科学薪资结构体系，形成具有竞争力的工资水平。

二是绩效考核体系设计科学完善。绩效薪资（也称奖金）是薪酬结构的重要组成部分，其目的是承认员工贡献，尊重个人劳动，鼓励先进，鞭策落后。科学完整的绩效考核体系是绩效薪资公平性、合理性的保证。该外企根据公司的战略目标，量化公司的整体业务，下达至各部门；各部门领导据此量化各员工需完成的工作，形成 KPI（绩效考核指标）设定的完整体系。关键绩效指标设定有区分度，以达到更好的激励效果。除奖金外，每位员工每年的薪资还有一定的涨幅，综合考虑居民消费价格指数、关键绩效指标完成情况，公司业绩等因素，确定薪资涨幅。此外，拥有好的业绩和工作职责扩大的员工会获得晋升机会。为了留住人才，该外企还设立了留任奖金及留任奖金考核和发放机制。

三是福利计划完善。为了吸引、激励和留住人才，除了以“基本工资＋奖金”为基础富有竞争力的工资之外，完善的福利计划也是该外企重要的人力资源战略。访谈中我们发现，该外企除了提供商业保险、补充医疗保险、带薪年假、带薪病假、过节礼品等基本福利外，还给员工提供很多培训机会和发展空间，满足员工对自我价值提升的需求。该企业给每位员工提供每年 4 天的技能培训；同时根据员工的个人能力设置关键人才项目和高潜人才项目。

总之，外企在薪酬管理方面具有市场化、制度化、以业务为导向三个特点，合理完善的薪酬管理体制机制使外企在使用、吸引、激励人才方面具有独特的优势。

二、某国有企业薪酬案例研究

国有企业作为我国社会主义经济建设的生力军，在发展经济、稳定社会方面发挥重要作用。我国经济发展已进入新常态，为了使国有企业健康发展，必须改革国有企业现有的薪酬管理制度。国有企业薪酬改革是国企深化改革的关键环节，也是我国收入分配改革领域的一次重要配套改革。为了摸清国有企业薪酬现状，“我国科技工作者薪酬状况调查”访谈小组通过访谈某国有企业的人力资源部门管理人员，了解国有企业薪酬模式、薪酬水平、薪酬结构、绩效考核、薪酬激励等情况。

经过十几年的改革和发展，国有企业在薪酬管理方面成效显著：初步实现了以岗位设置工资额度和绩效额度，合同化管理员工；建立了包括固定薪酬、浮动薪酬和员工福利三部分较为完善的薪酬构成体系；逐步规范福利项目等。但是，现阶段国有企业在薪酬管理方面仍存在薪酬结构单一、薪酬设计不合理、绩效考核管理粗放等问题。

薪酬结构单一，激励效果不明显。国有企业工资结构采用等级工资制，所有在同一级别、同一工作岗位和不同工作岗位的员工采用相同的薪酬，忽略了员工能力的差别、工作业绩的高低、工作条件的不同，大大压制了员工的工作热情。同时，国企高管薪酬结构中包含基本薪酬、激励薪酬和其他收入，激励薪酬关注短期激励而忽略长期激励。访谈中我们发现，该国有企业高管薪酬结构分成岗位工资、绩效工资和绩效延期考核工资三个部分，激励薪酬中仅包含涉及短期和中期激励的绩效工资和延期绩效考核工资，未涉及长期激励的期权、股权机制。

薪酬设计方面存在一些问题。一是目前国企内部岗位定制合理性有待提高。在部门设置方面，存在设置不合理部门重复问题；在部门岗位制定方面，未从员工能力和企业的运作上考虑，导致岗位设置不合理。实际执行中未按照设置的岗位执行，导致执行与设置环节脱节。二是国企高管的薪酬与普通职工薪资水平差异过大，脱离了正常的绩效标准。三是国企薪酬体系设计较为单一，未形成既包括货币薪酬又包括非货币薪酬的全面薪酬体系。访谈中我们发现，该国企的员工薪酬体系仅包括固定薪酬、浮动薪酬及国家规定的相关福利，缺乏对员工自我价值实现需求的关注。

缺乏完整的绩效考核体系。完整的绩效考核体系是薪酬管理的关键环节，设计针对员工本身、可量化的考核指标体系尤为重要。目前，国有企业的绩效考核多数以平均数决定分配金额，体现不出奖优罚劣的薪酬设计初衷。没有将绩效与收入直接挂钩，挫伤绩效偏高人员的积极性。该国企绩效考核是对子公司的经营业绩、安全生产和党风廉政建设情况三个主要方面进行考核，没有针对个人的绩效考核指标。

成果转化奖励缺乏。企业是成果转化政策落地的主体，成果转化奖励将是科技工作者薪酬的主要成分。访谈中我们发现，该国有企业未涉及成果奖励的相关内容。

“我国科技工作者薪酬状况调查”访谈小组通过此次访谈基本了解和掌握了该国企的薪酬管理情况，洞察了国有企业薪酬管理的整体状况。在当前竞争激烈的市场环境下，国有企业必须加强薪酬管理，建立科学、合理的薪酬制度，充分发挥薪酬激励作用，方能释放企业内部发展活力，实现长期发展目标。

三、某科研院所薪酬制度调研案例

科研事业单位是我国事业单位体系重要的组成部分，担负着国家科技创新的主要任务，支撑我国科技发展的关键力量，是实施国家经济社会发展战略的重要主体。科研事业单位一个显著特点是拥有一大批知识型员工，其核心任务和职责是开展科研活动，进行科技成果转化，知识创造、利用和增值。有效的激励机制是促进科研事业单位员工知识创造的保障，确保科研事业单位在激烈竞争环境下生存发展的根本条件。为了摸清科研事业单位薪酬现状，“我国科技工作者薪酬状况调查”项目小组通过访谈某科研事业单位的人力资源部门管理人员，了解科研事业单位科技工作者薪酬模式、薪酬水平、薪酬结构、绩效考核、薪酬激励等现状。

该科研事业单位为军工口的全额拨款事业单位，其薪酬结构为按国家规定发放的基础工资，占40%左右；绩效考核工资，占40%左右；军岗口津贴，占20%左右。薪酬制度方面的亮点主要有实施定量化的考核体系，增强员工积极性，对高级人才实施年薪制推动创新。

实施全员绩效考核体系。对所有工作进行量化，每个部门都有对应的考核量化细则；每个月从部门绩效工资总额中拿出部分，按照每个人的得分情况发放。考核突出举证，到季度末考核时，把证据拿出来逐条审核。定量考核实施以后，员工还是有一定触动的，毕竟是触动了他们的切身利益，分数与奖金是完全挂钩的。通过半年多的运行，员工们慢慢适应了这种考核机制，开始积极争分。大家每个月得列工作计划，必须明确干点什么创新的才能加分。比如，写点什么稿件，发表个什么文章，做什么课题。外边客户对单位的评价也在改观，例如，给实验队提供服务的司机，在未实施考核制度之前是非常不愿意半夜送货的，很有情绪，很多时候客户都要哄着司机。考核制度实施后，司机们的态度大有改观，因为这种情况都是可以加分的，考核制度把过去大家关心的那些问题和症结都量化了。现在司机转变特别大，有活儿都抢着干。

正局级、副局级干部实行年薪制，有效推动了创新，通过努力达到了年初设定的目标。而且大家认为自己想要做的事情和想要得到的回报，是能够通过努力获取的，大家都认可年薪制。但是一些工作内容不容易量化的岗位，如管理类岗位，实行年薪制就不太现实，因为绩效目标不好设定。

该单位存在的主要问题是工资总量受到上级主管部门严格控制，工资中可以用于激励的部分不多。被访者指出，很多固定的部分，原来在工资体系外，现在全部加进来了，稀释了绩效的部分。但是今年发愁了，今年绩效比去年比例会降低一些。现在虽然各种补贴名目很多，但以前都是不占用工资总额的。现在规范了以后都占用工资总额。如果想企业化经营，就必须要激励大家干劲，但现在反而越压越少，比例越来越低。被访者认为这样不太好。该单位薪酬增长跟工资总额有关，即使工作业绩比上一年有改观，如果分配下来的工资总额增量不多，也无法满足职工的工资增长需求。

“我国科技工作者薪酬状况调查”访谈小组通过此次访谈基本了解和掌握了该科研事业单位的薪酬管理情况，大概掌握了全额拨款科研事业单位薪酬管理的整体状况。在新时代背景下，科研人员流动频率加快，科研事业单位创新改革薪酬管理办法，有利于提高对人才的吸引力，从而保持组织竞争力、创造更多知识价值。

四、某高校薪酬制度调研案例

高校科技工作者作为研究、创造、传播知识的重要载体，肩负教书育人、开展科学技术研究、科学技术成果转化、普及科学技术等重任。为了在新时代更好地激励高校科技工作者的工作热情，充分发挥高等院校培养高级人才和研发高新技术的职能，保障国民经济和科技的发展，需要不断完善高校科技工作者的薪酬制度。为了摸清高等院校薪酬现状，“我国科技工作者薪酬状况调查”访谈小组通过访谈某高校人力资源部门管理人员，了解高校科技工作者薪酬模式、薪酬水平、薪酬结构、绩效考核、薪酬激励等现状。

该案例高校的薪酬结构包括国家财政发放的岗位工资、基本工资和津贴，以及所在学院发放的岗位工资、午餐补贴和责任津贴。该高校薪酬制度方面的亮点是通过年薪制吸引海外高层次人才，扩大学校国际影响力、带动学校学科建设。存在的问题包括管理部门之间政策不协调，薪酬制度激励不明显，工资总量控制、总额不足，不同岗位薪酬标准制定困难。

政策不协调体现在薪酬制度改革落实有困难。中共中央办公厅、国务院办公厅发文《关于实行以增加知识价值为导向分配政策的若干意见》，同时财政部出台政策让学校改革薪酬制度，但是政策的具体落实还有一定的困难，不同部门之间还有待协同。

教师工作难以量化考核评比，目前在一定程度上还是“大锅饭”。“我们能量化的就是老师在国际比较知名奖项上所获奖项，还有就是高层次人才引进。”目前，该高校员工增加工资主要靠工作年限积累。

岗位编制与实际需求不衔接，导致工资限额过低。该校 1989 年获批 471 个编制，但早就不能适应工作需求。教育部 2007 年下达给该校 623 个岗位总量，该校一直处于超编状态。此外，还有大量劳务派遣合同用工，整体用工数接近 1000 人，但是财政部只按照 471 个编制给学校拨款。工资总额与岗位不协调。教育部给部属院校拨款方式不是根据教职工数，而是根据学生数。如果扩大招生规模，就需要相应增加教职工岗位编制；而岗位编制数是中编办管理，二者很难协调。被访者指出，现在教育部给的拨项，支付人员工资都很紧张，但教育部严格控制。

管理岗位缺少市场化薪酬标准，年薪制改革存在困难。调研时我们发现，如果新聘请专家，按照市场行情签订年薪制合同，这是没有问题的，不会有太多争议。但是管理岗位，如人事处长岗位年薪多少，就缺少市场标准。被访者指出，他们之前的薪酬结构，包括从2006年工资改革以来，实际上都是按照级别来的，包括国家拨款也是按这些级别。现在用年薪制打破所有的东西，完全以岗位来定薪，这就是个难题。

“我国科技工作者薪酬状况调查”访谈小组通过此次访谈基本了解和掌握了该高校的薪酬管理情况，也大概掌握了教育部直属高校薪酬管理的整体状况。在新时代背景下，高校创新薪酬管理办法，建立公平、高效的薪酬制度，充分发挥薪酬激励作用，才能更好地满足高校教书育人和推动创新发展的时代要求。

五、某民营企业薪酬制度调研案例

国家支持民营企业发展，激发和保护企业家精神，增强企业家信心，让民营企业在市场经济浪潮中尽显身手。中小民营企业要在当前激烈的市场竞争中拥有立足之地，吸引和留住人才是关键，而薪酬制度正是企业实施人才战略的成功保障。当前国家大力支持中小企业发展，对中小企业薪酬激励制度深入研究非常必要。为了摸清民营企业的薪酬现状，“我国科技工作者薪酬状况调查”访谈小组通过访谈某民营企业的人力资源部门管理人员，了解民营企业科技工作者薪酬模式、薪酬水平、薪酬结构、绩效考核、薪酬激励等现状。

企业的工资结构比较简单。该案例企业为IT服务公司，其薪酬结构为基本工资+绩效奖金。对于销售人员来说，是基本工资+合同佣金。绩效奖金的比例取决于内部岗位和职级，较低级别的员工绩效占比10%~20%，级别越高绩效占比越高。企业内部职级有18级，较多的等级划分为个人成长提供了上升通道。

该企业薪酬制度方面的特点是员工薪酬调整机动灵活，对关键岗位用人实行股权激励措施。企业调薪机制灵活，通常情况下每年有一次调薪；除此以外，如果有竞争对手“挖”人，而这个员工又在一个很重要的岗位，企业这时候会考虑调薪。生存于竞争的市场环境中，企业会在每年不固定时间点，依据业务需求和市场环境变化，适时调整员工薪酬。股权激励是员工参与分享企业发展成果的一种有效形式，员工有权在未来一定时期内按约定的价格买进本公司股份或股票的选择权，是一种长期激励手段。

在所在领域，该企业与外企的工资水平相比偏低。除了薪酬以外，外企在其他方面更有吸引力，如人员入职后的培训。我国中小企业一般只注重短期效应，而外企对文化和技术领域的传承和发展非常注重。此外，大多数外资企业注重绩效考核，更透明。

“我国科技工作者薪酬状况调查”访谈小组通过此次访谈基本了解和掌握了该企业的薪酬管理情况，大概了解了民营企业薪酬管理的整体状况。在新时代背景下，人力资源是企业的第一资源，健全的薪酬制度是企业吸引、激励、发展与留住人才的有力工具，是企业成长发展的关键所在。

参考文献

[1]TAMPOE M. Motivating knowledge workers – The challenge for the 1990s[J]. Long Range Planning,1993(3).

[2]WRIGHT PM,DUNFORD BB,SNELL SA. Human resources and the resource based view of the firm[J]. Journal of Management,2001(6).

[3]郑超,黄攸立. 国有企业知识型员工激励机制的现状调查及改进策略[J]. 华东经济管理,2001(3).

[4]张望军,彭剑锋. 中国企业知识型员工激励机制实证分析[J]. 科研管理,2001(6).

[5]胡振华,朱娜. 对知识员工的薪酬管理体系演技[J]. 企业技术开发,2004(10).

[6]郝家龙. 科研人员薪酬体系国际比较研究框架[J]. 山西高等学校社会科学学报,2017(8).

[7]张健,张再生等. 基于全面薪酬的科技工作者激励组合优化研究[J]. 软科学,2010(12).

[8]李希. 科技工作者薪酬公平感知影响机制研究[D]. 天津大学,2010.

[9]熊俊峰. 大学教师薪酬结构研究[D]. 华中科技大学,2014.

[10]毕小亮. 企业科技工作者薪酬问题分析及对策研究[D]. 天津大学,2010.

[11]孙剑平.薪酬管理——经济学与管理学视觉的耦合分析[M].长春:吉林人民出版社,1999.

[12]徐全军.两类薪酬理论的发展与比较——基于经济学与管理学的视角[J].环渤海经济瞭望,2007(2).

[13]李光.企业战略性薪酬管理的策略研究[D].山西大学,2011.

[14]曾湘泉.薪酬:宏观微观与趋势[M].北京:中国人民大学出版社,2006.

[15]李世宗.管理学原理[M].武汉:华中科技大学出版社,2008.

[16]向洪编.人才学辞典[M].成都:成都科技大学出版社,1987.

[17]陈国海,方华.组织行为学[M].北京:清华大学出版社,2003.

[18]加里·德斯勒.人力资源管理[M].北京:中国人民大学出版社,2005.

[19]张甲庆.从马斯洛需求层次理论看企业创新型员工激励[J].人力资源开发,2009(7).

[20]龙明先.需要层次理论与 ERG 理论的比较研究[J].企业技术开发,2009(28).

[21]斯蒂芬·P·罗宾斯.组织行为学[M].孙建敏等,译.北京:中国人民大学出版社,2002.

[22]苏列英.基于双因素理论的知识型员工激励因素浅析[J].商场现代化,2009(1).

[23]钟永祥.全面满足员工需要的综合报酬体系设计[J].商场现代化,2005(11).

[24]魏新,李伟.ERG 理论对人才流失的全面解析[J].商场现代化,2007(3).

[25]张延平.内容型激励理论的不足及改进[J].商业时代,2007

(5).

[26]陈国海,方华.组织行为学[M].北京:清华大学出版社,2003.

[27]赵世君,杨亚娥.期望理论下的员工激励与企业绩效[J].西安大学学报,2008(28).

[28]顾建平,卢馨.知识员工薪酬支付过程激励的实证研究[J].财贸研究,2005(2).

[29]黄春基,徐剑铖.波特—劳勒模式与医院科研激励体系的构建[J].中国医院,2005(5).

[30]张克昕.现代管理心理学[M].北京:航空工业出版社,1998.

[31]岳颖.事业单位薪酬管理——内部收入的决定基础和模式选择[M].中国劳动社会保障出版社,2009.

[32]吴寿仁.落实科技成果转化政策的难点与对策建议[J].科技中国,2017(6).

[33]中国科协创新战略研究院.中国科协关于职称制度改革进展情况和事业单位高层次人才收入分配激励机制政策实施情况的评估报告[R].2017.

[34]许晖.科研事业单位绩效考核机制研究——以内蒙古XX研究所为例[D].西北大学,2015.

[35]宋杰.农业科研单位绩效工资执行中存在的问题及改进建议[J].经济师,2016(6).

[36]王亚玲.我国科研事业单位绩效考核现状与绩效工资激励机制研究[J].产业与科技论坛,2013(19).

[37]娄伟.我国高层次科技人才激励政策分析[J].中国科技论坛,2004(6).

[38]刘忠艳,赵永乐,王斌.1978－2017年中国科技人才政策变迁研

究[J]. 中国科技论坛,2018(2).

[39]刘爱军. 薪酬管理理论与实务[M]. 北京:机械工业出版社,2013.

[40]云鹏. 薪酬福利管理[M]. 北京:中国商业出版社,2016.

[41]诸葛剑平. 绩效管理与薪酬设计实务[M]. 杭州:浙江工商大学出版社,2016.

[42]余泽忠. 绩效考核与薪酬管理[M]. 武汉:武汉大学出版社,2016.

[43]周晓飞. 薪酬设计与绩效考核案例实操指南[M]. 北京:中国铁道出版社,2017.

[44]杜雯翠. 国有垄断企业改革与高管薪酬[M]. 上海:东方出版中心,2016.

[45]杨伟国,陈玉杰. 薪酬经济学[M]. 上海:复旦大学出版社,2013.

[46]文跃然. 薪酬管理原理[M]. 上海:复旦大学出版社,2013.

[47]沈永建. 职工薪酬与企业绩效 来自中国企业的实证研究[M]. 上海:立信会计出版社,2014.

[48]朱飞. 绩效激励与薪酬激励[M]. 北京:企业管理出版社,2013.

[49]李宝元,王长城. 现代组织薪酬管理学[M]. 北京:北京师范大学出版社,2012.

[50]刘敏. 薪酬与激励[M]. 北京:企业管理出版社,2010.

[51]饶征,侯杰,凌琦林. 薪酬预算与薪酬总额管理[M]. 上海:复旦大学出版社,2008.

[52]曾文旭. 薪酬管理制度[M]. 北京:中国商业出版社,2009.

[53]李燕荣. 薪酬与福利管理[M]. 天津:天津大学出版社,2008.

[54]秦杨勇. 薪酬设计七步法［M］. 厦门:鹭江出版社,2008.

[55]方心童. 中央企业绩效考核问题研究［M］. 北京:首都经济贸易大学出版社,2018.

[56]李玉蕾. 企业绩效考核激励效应的异化研究［M］. 西安:西安交通大学出版社,2017.

[57]严思恩,吕宏. 大数据时代下的全面预算与绩效考核［M］. 上海:上海交通大学出版社,2016.

[58]赵书松. 绩效考核与个体知识共享［M］. 上海:上海交通大学出版社,2013.

[59]张培德,李刚. 绩效考核与管理［M］. 上海:华东理工大学出版社,2009.

[60]周志轩. 目标管理与绩效考核［M］. 成都:成都时代出版社,2008.

[61]杨瑚. 绩效考核与薪酬管理理论与应用［M］. 兰州:甘肃人民出版社,2010.

[62]于小千. 公共服务绩效考核理论探索与实践经验［M］. 北京:北京理工大学出版社,2008.

[63]罗锐韧. 岗位绩效考核［M］. 北京:国际文化出版公司,2001.

[64]朱舟. 绩效考核与绩效管理[M]. 北京:中国电力出版社,2014.

[65]郝云宏,向荣. 管理学[M]. 北京:机械工业出版社,2013.

[66]梁栩凌,杨翠芬. 人力资源管理导论[M]. 北京:中国市场出版社,2014.

[67]杨继瑞. 工商管理案例研究[M]. 成都:西南财经大学出版社,2013.

[68]蔺丰奇. 事业单位绩效工资制改革问题研究[M]. 石家庄:河北

科学技术出版社,2015.

[69]金敏力,周晓世.事业单位绩效评估[M].北京:经济管理出版社,2013.

[70]高权.审判管理学原理[M].北京:人民法院出版社,2014.

[71]孙科柳,邵帅.生产绩效管理实操手册[M].北京:中国电力出版社,2014.

[72]周勇,张敏.组织行为与人力资源管理技能实训教程[M].北京:科学出版社,2014.

[73]王瑞.创新管理实践论丛[M].北京:中国农业科学技术出版社,2013.

[74]朱舟.绩效考核与绩效管理[M].北京:中国电力出版社,2014.

[75]梁栩凌,杨翠芬.人力资源管理导论[M].北京:中国市场出版社,2014.

[76]李育英,行金玲.薪酬设计与管理[M].西安:西安交通大学出版社,2011.

[77]欧文福.人力资源管理[M].重庆:西南师范大学出版社,2014.

[78]黄忠贞.浅谈事业单位分类改革后的趋势分析[J].经济师,2015(8).

[79]袁政.公共领域马斯洛现象与政府规模扩张分析[J].公共管理学报,2006(1).

[80]张宝生.薪酬管理[M].北京:北京理工大学出版社,2018.

[81]刘湘丽.绩效与薪酬实务[M].北京:国家开放大学出版社,2018.

[82]贺清君.绩效考核与薪酬激励整体解决方案[M].北京:中国法制出版社,2018.

附　录

附录1:数据报告

附表1　科技工作者的薪酬模式

		薪酬模式								
		固定工资制	年薪制	二元结构工资制（基本工资+绩效工资）	三元结构工资制（基本工资+岗位工资+绩效工资）	谈判工资制（招聘谈判决定）	工资+股权（期权）+分红	其他	总计	
1.00		42.0	5.4	21.2	27.6	0.9	0.8	2.2	100	48076
性别	男	40.0	6.6	21.3	28.3	1.0	0.9	2.0	100	25974
	女	44.3	3.9	21.0	26.7	0.9	0.7	2.6	100	22102
年龄	35岁以下	39.3	5.1	23.9	26.2	1.4	0.9	3.4	100	23486
	35~44岁	41.1	5.5	19.9	31.1	0.5	0.7	1.2	100	16122
	45岁及以上	51.1	5.9	16.1	24.7	0.4	0.7	1.1	100	8468
学历	大专	49.4	5.1	20.6	18.8	1.1	1.7	3.2	100	5641
	本科	44.5	5.2	22.8	24.4	1.0	0.7	1.5	100	22933
	硕士	36.6	6.2	21.8	32.8	0.9	0.5	1.3	100	11174
	博士	34.9	5.2	17.0	41.6	0.3	0.4	0.6	100	6506

续表

		薪酬模式								
		固定工资制	年薪制	二元结构工资制（基本工资＋绩效工资）	三元结构工资制（基本工资＋岗位工资＋绩效工资）	谈判工资制（招聘谈判决定）	工资＋股权（期权）＋分红	其他	总计	
职称级别	无职称	47.8	6.9	19.2	15.3	2.2	1.8	6.8	100	9317
	初级	40.4	5.0	25.6	25.4	1.1	0.7	1.8	100	10031
	中级	40.6	5.5	21.4	30.3	0.5	0.5	1.1	100	17366
	副高级	40.1	4.2	19.4	35.0	0.3	0.4	0.6	100	9061
	正高级	42.8	4.3	14.6	36.4	0.2	1.0	0.8	100	2301
行政职务	无行政职务	41.7	4.2	22.2	27.8	0.9	0.5	2.6	100	32831
	一般管理人员	44.1	6.9	19.5	25.8	1.1	0.9	1.6	100	9764
	中层管理人员	39.7	8.7	18.4	30.1	0.7	1.5	0.9	100	4882
	高层管理人员	40.5	16.0	13.6	20.3	0.7	6.7	2.2	100	599
区域	东部	41.4	6.8	20.6	27.8	0.9	0.8	1.8	100	20070
	中部	41.9	4.0	22.0	27.7	1.0	0.8	2.6	100	13671
	西部	43.6	3.7	21.6	26.6	0.8	0.8	2.9	100	13173

续表

		薪酬模式								
		固定工资制	年薪制	二元结构工资制（基本工资+绩效工资）	三元结构工资制（基本工资+岗位工资+绩效工资）	谈判工资制（招聘谈判决定）	工资+股权（期权）+分红	其他	总计	
单位类型	科研院所	42.0	3.2	16.5	35.6	0.7	0.5	1.4	100	8001
	高校	41.3	6.2	16.2	34.3	0.5	0.3	1.2	100	8180
	中学中专	54.6	1.9	20.9	20.3	0.3	0.2	1.7	100	4026
	卫生机构	35.0	2.1	29.4	30.3	0.5	0.5	2.2	100	8313
	技术推广组织	60.5	3.5	12.9	19.9	0.7	0.6	1.8	100	2590
	大型企业	34.1	9.3	26.4	26.8	1.3	1.0	1.2	100	8446
	中小企业	42.1	9.2	22.4	19.3	2.2	2.2	2.6	100	6115
职业	科学研究人员	40.2	3.3	16.3	38.7	0.6	0.4	0.6	100	3180
	工程技术人员	37.3	7.3	24.7	27.4	1.1	0.8	1.3	100	14244
	卫生技术人员	34.2	2.1	29.8	30.3	0.5	0.6	2.5	100	7889
	技术推广/科普人员	57.2	5.9	13.5	18.0	1.5	1.3	2.6	100	3637
	大学教师	41.0	6.2	16.0	35.4	0.5	0.3	0.7	100	6837
	中学教师	54.5	1.8	21.2	20.2	0.3	0.2	1.7	100	3923
	科技管理人员	45.5	8.6	17.6	23.7	1.4	1.8	1.4	100	3501
	科研教学辅助人员	44.9	4.7	17.1	29.8	1.1	0.8	1.5	100	2120

附表 2　科技工作者所在单位绩效考核内容

		工作业绩	论文发表量	项目承担量	各级领导批示获得量	其他	总计
1.00		82.7	25.9	30.3	8.9	6.3	48075
性别	男	82.8	25.3	31.6	9.3	5.4	25973
	女	82.5	26.5	28.7	8.4	7.5	22102
年龄	35 岁以下	79.5	21.9	27.3	9.2	7.4	23485
	35～44 岁	84.3	30.9	33.5	8.3	5.2	16122
	45 岁及以上	88.3	27.2	32.4	9.2	5.5	8468
学历	大专	82.0	9.0	16.1	9.0	9.4	5641
	本科	84.2	15.2	22.3	9.3	5.8	22933
	硕士	83.3	34.1	37.3	10.2	4.4	11174
	博士	81.6	71.0	64.7	5.9	2.3	6505
职称级别	无职称	74.0	13.1	18.4	8.2	13.0	9317
	初级	83.2	16.9	22.5	9.1	5.9	10031
	中级	84.8	28.0	32.0	9.9	4.6	17365
	副高级	86.1	39.2	42.5	8.0	3.8	9061
	正高级	86.3	48.6	51.4	7.0	4.4	2301
行政职务	无行政职务	81.7	28.7	31.8	8.5	6.7	32830
	一般管理人员	83.3	19.6	26.1	9.8	5.5	9764
	中层管理人员	87.4	21.5	29.0	10.1	5.1	4882
	高层管理人员	86.0	14.1	25.2	9.2	8.1	599

续表

		工作业绩	论文发表量	项目承担量	各级领导批示获得量	其他	总计
区域	东部	83.3	26.3	31.0	9.5	5.5	20069
	中部	81.6	26.5	30.6	8.2	6.0	13671
	西部	82.5	23.6	27.8	8.3	8.5	13173
单位类型	科研院所	79.8	39.2	44.3	10.1	5.4	8001
	高校	81.9	65.4	58.9	8.0	3.1	8179
	中学中专	88.8	16.4	12.3	5.7	5.7	4026
	卫生机构	85.8	22.9	18.0	6.4	6.7	8313
	技术推广组织	84.9	9.1	16.7	9.0	8.4	2590
	大型企业	85.0	8.8	25.5	11.7	4.8	8446
	中小企业	80.0	6.4	23.4	10.8	6.5	6115
职业	科学研究人员	77.1	59.6	57.8	9.3	4.3	3180
	工程技术人员	84.4	11.5	28.8	11.4	4.5	14244
	卫生技术人员	86.2	22.6	17.2	6.3	6.6	7889
	技术推广/科普人员	79.2	11.4	17.6	9.6	9.1	3637
	大学教师	82.7	68.1	61.6	7.7	2.8	6836
	中学教师	89.1	16.5	12.3	5.6	5.6	3923
	科技管理人员	81.8	14.0	24.8	11.0	5.5	3501
	科研教学辅助人员	79.3	40.5	39.3	8.1	4.9	2120

附表 3　影响科技工作者薪酬的主要因素

		工作年限	职务	职称	岗位	工作业绩	领导认可	在岗时间	承担项目量	国家统一调整工资	其他	总计
1.00		37.5	31.4	52.9	26.8	35.7	12.9	8.1	13.5	13.2	3.4	48075
性别	男	36.4	32.9	50.6	27.1	38.5	14.2	7.5	14.8	12.3	3.1	25973
	女	38.7	29.6	55.6	26.5	32.4	11.3	8.8	12.0	14.3	3.8	22102
年龄	35 岁以下	39.8	31.2	46.9	25.3	35.8	13.8	8.9	13.3	10.5	4.5	23485
	35～44 岁	32.8	31.0	58.2	27.8	36.3	12.1	6.9	14.4	13.8	2.3	16122
	45 岁及以上	39.7	32.6	59.3	29.3	34.3	11.8	8.0	12.4	19.5	2.4	8468
学历	大专	37.4	30.7	39.2	26.8	32.4	15.1	8.7	7.6	10.5	5.8	5641
	本科	39.8	33.7	49.7	28.0	34.5	14.1	8.5	10.4	13.0	2.7	22933
	硕士	38.8	33.0	59.3	27.0	36.1	13.3	8.1	16.4	13.4	1.8	11174
	博士	29.2	24.0	73.6	25.2	45.4	5.9	6.6	27.4	17.0	1.0	6505
职称级别	无职称	37.7	27.7	27.5	21.7	34.5	13.9	8.5	10.5	7.8	9.2	9317
	初级	43.0	33.8	52.9	27.4	33.7	13.2	9.4	10.2	10.8	2.9	10031
	中级	35.7	32.6	58.5	27.5	34.5	13.8	7.3	14.2	13.7	2.0	17365
	副高级	34.6	30.7	65.3	29.3	38.6	11.0	7.6	17.1	17.7	1.2	9061
	正高级	37.4	29.7	65.2	30.8	47.6	6.9	8.8	20.8	23.6	2.1	2301

续表

		工作年限	职务	职称	岗位	工作业绩	领导认可	在岗时间	承担项目量	国家统一调整工资	其他	总计
行政职务	无行政职务	38.1	27.7	55.5	24.8	35.4	12.2	8.1	14.4	13.2	3.9	32830
	一般管理人员	35.0	37.9	45.0	31.5	33.7	15.2	7.9	11.3	11.0	2.7	9764
	中层管理人员	38.2	41.7	53.5	31.5	41.2	12.8	8.4	12.5	17.2	1.8	4882
	高层管理人员	37.8	39.4	40.8	24.3	42.4	10.8	7.6	13.7	16.7	4.5	599
区域	东部	36.3	32.9	52.0	27.9	36.6	14.5	7.6	14.2	12.7	2.9	20069
	中部	38.3	28.6	53.6	24.3	36.5	11.2	8.5	14.1	13.8	3.3	13671
	西部	39.2	31.2	54.1	27.2	32.9	11.1	8.8	11.2	13.5	4.8	13173
单位类型	科研院所	38.8	28.7	63.6	25.2	31.9	13.3	7.6	16.2	18.0	2.1	8001
	高校	29.7	25.4	73.5	23.9	41.0	5.8	6.3	25.5	15.2	1.3	8179
	中学中专	45.5	23.4	73.6	20.1	25.4	4.8	8.9	4.9	18.0	2.6	4026
	卫生机构	46.5	37.0	66.0	27.5	36.2	7.1	11.9	5.8	16.5	3.7	8313
	技术推广组织	51.1	29.3	61.1	18.4	19.3	7.3	7.1	5.0	22.6	3.5	2590
	大型企业	32.7	40.1	29.1	37.1	42.5	22.7	6.9	14.9	4.9	2.2	8446
	中小企业	28.8	29.4	19.0	28.6	43.5	24.3	8.1	15.3	3.7	4.5	6115

续表

		工作年限	职务	职称	岗位	工作业绩	领导认可	在岗时间	承担项目量	国家统一调整工资	其他	总计
职业	科学研究人员	35.9	23.3	70.8	23.8	32.8	9.9	7.7	20.6	21.9	1.0	3180
	工程技术人员	34.6	35.9	35.7	32.5	40.7	21.8	6.9	16.4	7.9	2.2	14244
	卫生技术人员	47.0	36.7	66.2	26.9	37.1	6.8	12.1	5.6	16.4	3.6	7889
	技术推广/科普人员	42.6	26.9	46.3	19.0	25.9	10.0	8.2	7.1	15.6	4.4	3637
	大学教师	28.9	24.0	76.1	24.1	42.3	5.6	6.3	27.0	15.3	1.1	6836
	中学教师	45.8	23.5	74.8	20.3	25.0	4.5	8.8	4.9	18.2	2.5	3923
	科技管理人员	35.7	39.4	35.9	30.9	33.5	18.7	7.1	10.3	10.3	2.8	3501
	科研教学辅助人员	36.2	27.1	58.9	24.6	30.8	10.0	8.1	13.3	14.2	2.3	2120
工作年限	5年及以下	42.8	29.7	49.2	23.6	37.0	11.2	9.8	14.9	10.8	4.7	13939
	6~10年	34.2	30.5	49.0	26.7	36.0	15.3	6.9	13.8	11.2	3.5	11520
	11~20年	33.2	32.5	55.5	28.2	35.6	13.2	7.2	13.5	12.7	2.7	12817
	21年以上	39.5	33.5	59.4	29.9	33.8	11.8	8.3	11.2	19.7	2.5	9799

附表4　科技工作者认为的薪酬决定因素

		工作年限	职务	职称	岗位	工作业绩	领导认可	在岗时间	承担项目量	其他	总计
1.00		35.7	20.2	40.9	25.3	71.9	6.4	14.0	37.2	3.2	48074
性别	男	34.4	20.2	39.6	25.6	72.9	6.5	13.2	37.3	3.0	25973
	女	37.2	20.2	42.5	24.9	70.7	6.3	14.9	37.0	3.5	22101

续表

		工作年限	职务	职称	岗位	工作业绩	领导认可	在岗时间	承担项目量	其他	总计
年龄	35 岁以下	32.4	21.3	36.6	21.7	68.5	7.4	12.7	36.9	4.4	23485
	35～44 岁	35.1	18.5	41.9	27.3	74.9	5.6	13.9	36.9	2.2	16121
	45 岁及以上	45.8	20.2	51.2	31.4	75.7	5.3	17.9	38.6	1.9	8468
学历	大专	39.3	22.4	37.3	23.8	62.0	8.5	13.5	28.5	5.1	5641
	本科	37.5	21.4	39.4	25.6	70.7	7.1	14.1	37.0	2.6	22932
	硕士	32.9	20.4	42.2	26.2	77.1	5.8	13.6	42.7	1.4	11174
	博士	32.5	15.1	51.8	26.4	82.9	2.9	15.9	41.0	1.1	6505
职称级别	无职称	31.4	20.1	27.5	18.3	59.8	8.7	10.2	29.7	8.5	9317
	初级	35.9	23.1	38.0	23.8	68.5	7.0	13.9	35.8	2.8	10031
	中级	35.7	19.9	41.6	26.2	74.5	6.3	14.2	39.3	2.0	17364
	副高级	37.9	17.8	52.0	30.3	80.6	4.3	16.2	41.2	1.1	9061
	正高级	42.4	19.5	60.1	34.0	82.5	3.7	19.5	41.5	1.6	2301
行政职务	无行政职务	36.4	18.2	40.5	23.7	71.1	5.9	14.3	36.1	3.7	32830
	一般管理人员	32.7	22.8	39.6	26.4	70.4	8.1	12.4	36.6	2.5	9764
	中层管理人员	37.1	27.0	46.1	33.4	79.6	6.6	15.5	44.9	1.3	4881
	高层管理人员	33.1	26.1	42.9	29.2	77.2	5.9	12.2	41.5	3.0	599
区域	东部	35.5	20.4	40.2	25.4	73.4	7.0	13.3	38.4	2.6	20069
	中部	35.1	18.6	40.4	25.1	71.1	6.0	14.4	35.7	3.2	13670
	西部	36.6	21.4	43.0	25.2	69.2	5.5	14.9	35.9	4.7	13173

续表

		工作年限	职务	职称	岗位	工作业绩	领导认可	在岗时间	承担项目量	其他	总计
单位类型	科研院所	37. 2	18. 0	47. 0	27. 1	74. 2	5. 7	15. 0	39. 9	2. 2	8001
	高校	34. 7	17. 4	51. 0	25. 5	77. 7	4. 0	15. 2	38. 1	1. 2	8179
	中学中专	45. 1	15. 4	38. 8	20. 1	68. 8	3. 1	17. 1	29. 8	2. 9	4026
	卫生机构	42. 9	27. 1	47. 7	29. 0	70. 1	5. 2	18. 8	35. 8	3. 4	8313
	技术推广组织	46. 6	19. 2	51. 3	24. 0	65. 2	4. 7	16. 0	31. 3	3. 0	2590
	大型企业	26. 8	21. 4	29. 9	25. 9	76. 2	9. 2	8. 8	43. 1	1. 9	8446
	中小企业	28. 2	20. 1	27. 2	23. 4	69. 7	11. 2	9. 8	37. 3	3. 7	6115
职业	科学研究人员	36. 5	15. 0	54. 3	27. 6	78. 9	4. 6	17. 7	40. 4	1. 4	3180
	工程技术人员	30. 1	20. 4	33. 2	26. 4	75. 3	8. 1	10. 4	42. 8	2. 0	14244
	卫生技术人员	43. 5	28. 0	47. 9	28. 8	69. 7	5. 0	18. 8	35. 1	3. 3	7889
	技术推广/科普人员	41. 1	18. 4	41. 3	21. 7	61. 5	7. 7	13. 9	27. 8	3. 9	3636
	大学教师	35. 3	17. 0	52. 5	26. 0	78. 3	3. 6	15. 3	38. 0	1. 1	6836
	中学教师	45. 5	15. 6	39. 1	20. 3	69. 0	2. 8	17. 1	29. 8	2. 7	3923
	科技管理人员	30. 0	21. 3	34. 1	25. 0	70. 5	9. 3	10. 9	37. 7	1. 8	3501
	科研教学辅助人员	36. 3	18. 2	43. 1	24. 8	74. 2	5. 9	15. 8	36. 6	1. 5	2120

附表 5　科技工作者所在单位股权激励或分红激励的对象

		项目负责人	主要贡献人	推动核心技术和工艺重大创新的主要技术人员	高级管理人员	负责主要产品（服务）生产经营的中高级经营管理人员	省部级及以上人才计划引进的重要技术人才和经营管理人才	其他	未实行股权或分红激励	总计
1.00		24.5	20.8	19.0	20.5	11.5	9.1	7.4	57.1	47962
性别	男	24.5	21.3	19.1	21.7	11.7	8.6	6.0	57.0	25925
	女	24.5	20.4	18.8	19.2	11.3	9.8	9.1	57.2	22037
年龄	35 岁以下	26.8	22.5	22.3	24.4	14.0	10.6	8.9	49.1	23433
	35～44 岁	23.3	19.7	16.6	17.5	9.5	8.2	6.0	63.0	16077
	45 岁及以上	20.4	18.5	14.2	15.5	8.5	6.9	5.8	68.0	8452
学历	大专	24.8	23.8	21.0	23.3	15.0	8.7	9.1	50.6	5636
	本科	23.7	21.2	19.3	22.9	12.2	8.6	6.8	56.1	22906
	硕士	25.7	21.1	20.8	20.5	11.6	10.6	6.3	58.5	11137
	博士	25.8	16.9	14.1	10.1	6.0	9.8	5.5	68.0	6463
职称级别	无职称	28.6	24.9	24.2	25.8	16.4	10.4	12.4	40.8	9305
	初级	26.2	23.6	22.8	24.8	14.4	10.6	7.9	50.5	10012
	中级	23.7	19.9	17.8	20.0	10.2	9.1	5.9	61.2	17323
	副高级	21.1	17.0	13.3	14.1	7.1	7.0	4.9	69.5	9033
	正高级	19.9	15.3	11.6	9.4	5.7	6.7	6.5	72.7	2289

续表

		项目负责人	主要贡献人	推动核心技术和工艺重大创新的主要技术人员	高级管理人员	负责主要产品（服务）生产经营的中高级经营管理人员	省部级及以上人才计划引进的重要技术人才和经营管理人才	其他	未实行股权或分红激励	总计
行政职务	无行政职务	24.1	19.8	17.8	18.9	10.5	8.9	8.2	57.7	32733
	一般管理人员	26.5	24.0	22.5	25.7	14.4	10.1	6.4	51.4	9756
	中层管理人员	23.1	21.0	19.5	20.3	12.2	8.9	4.7	64.2	4874
	高层管理人员	28.0	25.9	22.3	24.2	15.0	7.6	5.0	61.2	599
区域	东部	24.5	20.5	19.3	22.8	12.1	9.4	7.1	55.8	20010
	中部	25.2	21.9	18.7	19.3	11.2	9.0	7.5	56.7	13654
	西部	23.7	20.6	18.7	17.0	10.8	8.7	7.9	60.1	13142
单位类型	科研院所	23.2	19.8	16.9	14.2	9.3	7.2	6.7	64.3	7990
	高校	26.8	18.4	16.6	11.4	7.6	12.1	5.2	64.2	8129
	中学中专	18.1	18.1	11.8	11.0	6.1	5.0	8.0	67.6	4022
	卫生机构	25.9	21.5	18.7	15.5	9.7	10.7	9.1	59.2	8275
	技术推广组织	18.3	17.2	16.6	11.9	8.4	5.8	6.3	69.3	2590
	大型企业	26.2	22.9	23.6	36.5	17.7	10.2	6.2	45.7	8440
	中小企业	28.5	26.7	26.0	36.6	18.3	9.1	6.6	40.1	6112

续表

		项目负责人	主要贡献人	推动核心技术和工艺重大创新的主要技术人员	高级管理人员	负责主要产品（服务）生产经营的中高级经营管理人员	省部级及以上人才计划引进的重要技术人才和经营管理人才	其他	未实行股权或分红激励	总计
职业	科学研究人员	22.5	19.1	17.3	13.2	7.9	7.3	7.5	66.4	3174
	工程技术人员	24.4	21.1	20.4	30.6	13.9	8.3	5.5	52.2	14235
	卫生技术人员	26.1	22.3	19.3	15.5	9.9	10.9	9.1	58.5	7850
	技术推广/科普人员	22.5	22.4	22.1	18.3	15.4	8.7	6.8	55.6	3636
	大学教师	25.9	17.5	15.6	11.1	7.5	12.1	4.7	65.8	6792
	中学教师	18.2	17.9	11.4	11.0	5.9	4.8	7.9	68.0	3919
	科技管理人员	27.4	24.1	24.0	26.7	16.1	10.8	5.3	51.7	3498
	科研教学辅助人员	28.1	22.3	21.3	18.3	11.3	8.6	7.6	54.9	2116

附表 6　科技工作者认为所在单位薪酬水平在本领域的竞争水平

		科技工作者所在单位薪酬水平在本领域的竞争力						
		很有竞争力	比较有竞争力	有一点竞争力	不具有竞争力	说不清	总计	
1.00		7.4	19.7	22.0	28.6	22.2	100	48069
性别	男	7.2	19.7	23.5	30.4	19.1	100	25973
	女	7.6	19.8	20.2	26.5	25.9	100	22096

续表

		科技工作者所在单位薪酬水平在本领域的竞争力						
		很有竞争力	比较有竞争力	有一点竞争力	不具有竞争力	说不清	总计	
年龄	35 岁以下	8.2	21.4	21.9	26.1	22.4	100	23484
	35～44 岁	6.5	18.4	22.3	31.6	21.2	100	16119
	45 岁及以上	6.8	17.7	21.5	30.1	23.9	100	8466
学历	大专	9.2	19.6	20.6	19.6	31.0	100	5641
	本科	7.2	20.3	22.0	26.3	24.2	100	22931
	硕士	7.1	20.1	23.4	33.5	15.9	100	11171
	博士	6.4	18.5	22.8	40.6	11.7	100	6505
职称级别	无职称	11.1	22.5	20.2	17.0	29.2	100	9316
	初级	8.2	21.6	22.1	23.9	24.1	100	10030
	中级	6.6	18.6	22.3	32.2	20.4	100	17362
	副高级	5.0	17.0	22.7	37.1	18.2	100	9060
	正高级	4.2	19.9	24.0	36.4	15.5	100	2301
行政职务	无行政职务	7.3	18.9	20.8	28.9	24.1	100	32828
	一般管理人员	8.0	21.5	24.4	27.0	19.1	100	9762
	中层管理人员	6.5	21.1	24.9	31.0	16.5	100	4880
	高层管理人员	9.1	26.7	21.1	24.2	18.9	100	599

续表

		科技工作者所在单位薪酬水平在本领域的竞争力						
		很有竞争力	比较有竞争力	有一点竞争力	不具有竞争力	说不清	总计	
区域	东部	7.1	18.7	22.7	30.0	21.6	100	20068
	中部	8.0	20.9	21.7	26.4	23.0	100	13668
	西部	7.5	20.7	20.7	28.1	23.0	100	13171
单位类型	科研院所	5.2	16.5	21.4	42.0	15.0	100	8000
	高校	9.0	19.3	22.8	32.8	16.1	100	8178
	中学中专	7.5	18.8	17.3	20.6	35.8	100	4026
	卫生机构	9.7	23.9	19.4	18.4	28.6	100	8311
	技术推广组织	6.1	17.1	21.7	28.8	26.3	100	2590
	大型企业	5.7	20.3	26.3	31.6	16.1	100	8446
	中小企业	8.0	21.6	25.0	24.2	21.2	100	6114
职业	科学研究人员	4.2	16.1	20.5	48.8	10.4	100	3180
	工程技术人员	6.0	18.4	24.7	33.6	17.3	100	14244
	卫生技术人员	10.1	24.4	19.2	17.5	28.9	100	7887
	技术推广/科普人员	7.6	20.4	20.9	23.5	27.6	100	3635
	大学教师	9.0	17.9	22.9	33.9	16.3	100	6835
	中学教师	7.4	18.7	17.4	20.5	36.1	100	3923
	科技管理人员	7.3	22.7	25.6	27.4	17.0	100	3501
	科研教学辅助人员	6.4	21.3	22.7	32.5	17.0	100	2119

续表

		科技工作者所在单位薪酬水平在本领域的竞争力						
		很有竞争力	比较有竞争力	有一点竞争力	不具有竞争力	说不清	总计	
薪酬模式	固定工资制	9.3	17.9	19.2	27.9	25.7	100	20278
	年薪制	15.9	30.3	24.6	18.2	11.0	100	2454
	二元结构工资制（基本工资+绩效工资）	5.4	21.3	24.1	29.6	19.7	100	10020
	三元结构工资制（基本工资+岗位工资+绩效工资）	4.6	20.2	25.3	33.4	16.5	100	13398
	谈判工资制（招聘谈判决定）	7.9	21.5	26.6	24.4	19.5	100	441
	工资+股权(期权)+分红	10.7	19.0	22.2	18.3	29.8	100	376
	其他(请注明)	3.4	7.4	5.6	6.9	76.7	100	1102

附表7　科技工作者认为本单位的薪酬激励措施对提升科技工作者创新绩效的作用

		本单位的薪酬激励措施对提升科技工作者创新绩效的作用						
		非常明显	比较明显	不很明显	没有影响	反作用	总计	
1.00		8.7	33.3	39.1	15.7	3.2	100	48068
性别	男	8.7	32.3	40.0	15.4	3.7	100	25973
	女	8.7	34.6	38.0	16.1	2.6	100	22095

续表

		本单位的薪酬激励措施对提升科技工作者创新绩效的作用						
		非常明显	比较明显	不很明显	没有影响	反作用	总计	
年龄	35 岁以下	9.7	35.3	36.3	15.2	3.5	100	23483
	35 ~44 岁	7.6	32.4	41.5	15.6	3.0	100	16119
	45 岁及以上	8.0	29.7	42.5	17.2	2.6	100	8466
学历	大专	10.3	32.5	36.4	17.7	3.1	100	5641
	本科	8.5	33.1	38.7	16.9	2.8	100	22931
	硕士	8.4	33.9	40.5	14.3	2.9	100	11170
	博士	7.9	35.8	42.4	10.6	3.3	100	6505
职称级别	无职称	13.4	35.8	31.3	15.6	3.8	100	9316
	初级	9.2	35.9	36.4	15.5	2.9	100	10030
	中级	7.7	31.9	41.1	16.2	3.1	100	17361
	副高级	5.8	30.2	45.3	15.6	3.0	100	9060
	正高级	6.2	35.0	42.6	13.0	3.3	100	2301
行政职务	无行政职务	8.8	32.8	38.8	16.1	3.6	100	32828
	一般管理人员	8.4	35.4	39.0	14.9	2.3	100	9761
	中层管理人员	8.3	32.5	41.7	15.0	2.5	100	4880
	高层管理人员	10.5	36.4	37.5	12.8	2.8	100	599

续表

		本单位的薪酬激励措施对提升科技工作者创新绩效的作用						
		非常明显	比较明显	不很明显	没有影响	反作用	总计	
区域	东部	8.5	32.4	40.2	15.7	3.2	100	20068
	中部	9.3	34.6	38.0	15.2	2.8	100	13668
	西部	8.6	33.7	37.9	16.3	3.5	100	13170
单位类型	科研院所	6.9	29.6	42.7	17.1	3.7	100	8000
	高校	10.3	37.7	39.5	9.6	2.9	100	8177
	中学中专	9.0	31.4	36.6	19.9	3.1	100	4026
	卫生机构	10.7	38.5	33.6	14.8	2.4	100	8311
	技术推广组织	7.2	29.1	37.3	24.1	2.3	100	2590
	大型企业	6.5	31.2	44.2	14.7	3.3	100	8446
	中小企业	9.0	34.0	38.8	14.9	3.2	100	6114
职业	科学研究人员	5.9	30.5	43.2	16.3	4.1	100	3180
	工程技术人员	7.2	29.7	43.0	16.6	3.5	100	14244
	卫生技术人员	11.1	39.0	33.1	14.4	2.4	100	7887
	技术推广/科普人员	9.4	31.2	35.6	21.1	2.7	100	3635
	大学教师	10.4	36.9	40.2	9.5	3.0	100	6835
	中学教师	8.9	31.2	36.8	20.0	3.1	100	3923
	科技管理人员	7.8	35.1	39.7	14.7	2.6	100	3500
	科研教学辅助人员	7.3	35.7	41.0	13.7	2.3	100	2119

附表 8　科技工作者认为个人薪酬水平与本单位同层级管理人员相比状况

		科技工作者个人薪酬水平与本单位同层级管理人员相比状况							
		低很多	略低些	基本相当	略高些	高很多	不知道	总计	
1.00		12.8	23.9	31.1	8.6	1.8	21.8	100	48066
性别	男	14.5	24.6	32.9	8.5	1.5	17.9	100	25971
	女	10.8	23.0	29.1	8.6	2.1	26.5	100	22095
年龄	35 岁以下	12.5	24.3	30.5	7.6	1.7	23.4	100	23482
	35～44 岁	13.4	24.2	31.0	8.8	1.9	20.8	100	16119
	45 岁及以上	12.7	22.1	33.1	10.7	1.9	19.4	100	8465
学历	大专	11.2	20.3	31.8	7.9	2.1	26.7	100	5641
	本科	12.6	23.1	31.7	8.6	1.7	22.2	100	22929
	硕士	14.1	26.2	30.6	9.2	2.0	17.9	100	11170
	博士	13.7	28.2	31.2	8.6	1.1	17.1	100	6505
职称级别	无职称	9.9	20.5	31.1	7.7	2.1	28.7	100	9316
	初级	12.1	24.5	30.7	7.5	1.7	23.5	100	10029
	中级	14.1	24.9	30.9	8.3	1.8	20.0	100	17361
	副高级	14.7	24.6	31.3	9.9	1.6	17.9	100	9060
	正高级	11.1	24.1	34.3	13.4	1.6	15.5	100	2300

续表

		科技工作者个人薪酬水平与本单位同层级管理人员相比状况							
		低很多	略低些	基本相当	略高些	高很多	不知道	总计	
行政职务	无行政职务	14.4	24.5	28.5	6.8	1.2	24.6	100	32827
	一般管理人员	10.3	23.7	35.5	10.6	3.0	16.8	100	9761
	中层管理人员	8.5	20.4	38.5	15.0	3.1	14.6	100	4879
	高层管理人员	4.8	19.0	42.3	17.8	3.2	12.9	100	599
区域	东部	12.9	24.2	31.3	8.0	1.6	22.0	100	20067
	中部	12.1	23.2	32.0	9.9	2.1	20.6	100	13668
	西部	13.5	23.8	29.7	8.4	1.8	22.6	100	13169
单位类型	科研院所	17.1	25.5	28.9	8.7	2.2	17.6	100	8000
	高校	11.1	26.6	32.2	10.3	2.1	17.7	100	8177
	中学中专	11.6	22.9	29.0	5.4	1.0	30.1	100	4026
	卫生机构	10.5	20.9	28.8	8.2	1.9	29.6	100	8309
	技术推广组织	10.2	23.0	35.3	9.8	1.1	20.6	100	2590
	大型企业	16.5	26.0	32.6	8.2	1.3	15.5	100	8446
	中小企业	11.3	23.1	33.6	9.5	2.2	20.4	100	6114

续表

		科技工作者个人薪酬水平与本单位同层级管理人员相比状况							
		低很多	略低些	基本相当	略高些	高很多	不知道	总计	
职业	科学研究人员	17.7	27.6	32.2	7.4	0.7	14.4	100	3180
	工程技术人员	17.3	26.1	30.8	7.6	1.2	17.0	100	14244
	卫生技术人员	10.4	20.9	29.1	8.0	1.7	29.9	100	7885
	技术推广/科普人员	9.2	21.9	35.7	9.0	1.6	22.6	100	3635
	大学教师	11.8	26.9	32.6	9.6	1.4	17.5	100	6835
	中学教师	11.6	23.0	28.8	5.5	1.0	30.2	100	3923
	科技管理人员	8.0	21.4	33.9	16.0	5.7	15.0	100	3500
	科研教学辅助人员	12.1	26.5	31.6	8.2	2.0	19.5	100	2119

附录2：科技工作者薪酬状况调查问卷

XC1. **您的薪酬模式是什么？**

1. 固定工资制　　2. 年薪制

3. 二元结构工资制（基本工资＋绩效工资）

4. 三元结构工资制（基本工资＋岗位工资＋绩效工资）

5. 谈判工资制（招聘谈判决定）

6. 工资＋股权（期权）＋分红

7. 其他（请注明）：__________

XC2. **您所在单位绩效考核内容包括什么？（可多选）**

1. 工作业绩　2. 论文发表　3. 项目承担量

4. 各级领导批示获得量　5. 其他（请注明）：__________

XC3. **您目前薪酬的主要影响因素是什么？（可多选）**

1. 工作年限　2. 职务　3. 职称　4. 岗位

5. 工作业绩　6. 领导认可　7. 在岗时间　8. 承担项目量

9. 国家统一调整工资　10. 其他（请注明）：__________

XC4. **您认为科技工作者的薪酬应该由哪些因素来确定？（可多选）**

1. 工作年限　2. 职务　3. 职称　4. 岗位

5. 工作业绩　6. 领导认可　7. 在岗时间　8. 承担项目量

9. 其他（请注明）：__________

XC5. 您所在单位对下列哪些人员实施了股权激励？（可多选，选项 8 不能与其他选项同时被选）

1. 项目负责人
2. 主要贡献人
3. 推动核心技术和工艺重大创新的主要技术人员
4. 高级管理人员
5. 负责主要产品（服务）生产经营的中高级经营管理人员
6. 省部级及以上人才计划引进的重要技术人才和经营管理人才
7. 其他（请注明）：__________
8. 未实行股权和分红激励

XC6. 您所在单位对下列哪些人员实施了分红激励？（可多选，选项 8 不能与其他选项同时被选，XC5 选 8 者不答此题）

1. 项目负责人
2. 主要贡献人
3. 推动核心技术和工艺重大创新的主要技术人员
4. 高级管理人员
5. 负责主要产品（服务）生产经营的中高级经营管理人员
6. 省部级及以上人才计划引进的重要技术人才和经营管理人才
7. 其他（请注明）：__________
8. 未实行分红激励

XC7. 您认为贵单位科技工作者薪酬水平在本领域是否有竞争力？

1. 很有竞争力　2. 比较有竞争力　3. 有一点竞争力

4. 不具有竞争力　5. 说不清

XC8. 您认为贵单位的薪酬激励措施对提升科技工作者创新绩效的作用明显吗？

1. 非常明显　2. 比较明显　3. 不很明显　4. 没有影响

5. 反作用

XC9. 您认为贵单位科技工作者薪酬水平与同层级管理人员相比如何？

1. 低很多　2. 略低些　3. 基本相当　4. 略高些　5. 高很多

6. 不知道

附录3：科技工作者薪酬状况访谈提纲

1. 贵单位的工资结构是什么，共分为哪几部分？每部分占总工资的百分比大约是多少？

2. 贵单位员工工资调整的依据是什么？频率如何？同级别员工工资（年收入）差别如何？不同级别员工工资（年收入）差别如何？激励效果如何？

3. 贵单位有哪些薪酬模式？（如年薪制、协议工资制、单位实施的普通工资制）对应的对象分别是哪些？激励效果如何？

4. 贵单位是否实行了股权激励和分红激励，实施效果如何？

5. 贵单位相同岗位同市场相比，薪酬待遇竞争力如何？科技人才流动性如何？

6. 贵单位对员工的绩效考核制度和流程如何？考核内容包含哪些？绩效考核量化程度如何？绩效考核结果跟工资挂钩程度如何？透明度如何？员工对考核的反应如何？

7. 贵单位的绩效考核周期多长时间？（月考核、年考核……）

8. 贵单位对员工有哪些非物质激励（包括福利）？